CATALOGUE RAISONNÉ

DES

HIERACIUM DES ALPES MARITIMES

LAUSANNE — IMPRIMERIE GEORGES BRIDEL

CATALOGUE RAISONNÉ

DES

HIERACIUM

DES ALPES MARITIMES

ÉTUDES

SUR LES HIERACIUM QUI ONT ÉTÉ OBSERVÉS DANS LA CHAINE

DES ALPES MARITIMES

ET LE DÉPARTEMENT FRANÇAIS DE CE NOM

PAR

EMILE BURNAT et AUG. GREMLI

Mai-octobre 1883.

GENÈVE ET BALE

H. GEORG, LIBRAIRE-ÉDITEUR

LYON

Même maison, 65, rue de la République.

CATALOGUE DES HIERACIUM

DES ALPES MARITIMES

PRÉFACE

Ce catalogue est le résumé d'une monographie manuscrite que nous avons rédigée sur le genre Hieracium pour les Alpes maritimes; il est le résultat d'herborisations dans ces régions poursuivies durant une dizaine d'années et d'études qui ont depuis trois ans absorbé une grande partie de notre temps.

Nous eussions préféré soumettre dès à présent au jugement des botanistes le travail plus complet qui est le but de nos efforts. En effet, un simple catalogue d'un groupe critique, lorsqu'il émane d'auteurs qui n'ont pas des titres suffisants pour mériter une confiance absolue, peut inspirer quelques doutes, alors qu'une monographie descriptive fournit des renseignements plus précis sur le degré d'authenticité qu'il faut accorder aux déterminations.

Mais il nous reste encore bien des questions à élucider avant que nous nous sentions en mesure de publier une monographie qui ne soit pas indigne de ce titre. Pour arriver dans un genre aussi difficile à saisir convenablement la notion de l'espèce, pour dégager les types primordiaux en les séparant des formes secondaires et de nombreuses variations locales ou individuelles sans importance; pour grouper en-

A

core toutes ces unités de valeurs diverses en respectant les affinités, il
faut un travail qui doit s'étendre bien au delà de l'étude des matériaux
récoltés dans une circonscription restreinte. Il convient d'acquérir des
connaissances complètes sur l'ensemble du genre et de suivre dans
leur aire entière les divers types auxquels se relient les fragments de
la flore spéciale qu'on étudie.

Un travail ainsi compris est de longue haleine et son terme en est
encore éloigné pour nous. Dans l'incertitude où nous sommes d'y par-
venir un jour, nous avons pensé qu'il serait utile de résumer les résultats obtenus.

Il nous semble qu'en présence d'un simple catalogue on peut être
disposé à quelque indulgence sur les questions que nous venons de
mentionner. On doit exiger avant tout que les auteurs aient scrupu-
leusement identifié les formes qu'ils ont étudiées avec celles déjà publiées et qu'ils désignent suffisamment celles qu'ils estiment être nouvelles.

Nous nous sommes donc efforcés de ne point commettre d'erreurs
de déterminations. Nous avons omis de mentionner plusieurs formes
douteuses ou énigmatiques pour nous, préférant être incomplets plutôt
qu'inexacts. Le cadre de ce travail préliminaire excluait d'ailleurs les
discussions auxquelles nous eût entraîné l'examen de certains échantillons critiques.

Le produit de nos herborisations a été réparti en trois collections
qui renferment toutes les espèces et variétés énumérées dans les pages
qui suivent. Ces documents qui constituent les *preuves* à l'appui de
notre travail, existent dans notre propre herbier, dans celui de M. Ed-
mond Boissier et au musée de Nice.

Plusieurs collections ont ajouté des renseignements utiles à ceux que
nous devons à nos herborisations. D'abord l'herbier de MM. Thuret et
Bornet, puis celui du musée de Nice dont les Hieracium nous ont été
confiés. Nous avons consulté à Turin l'herbier de Lisa et celui d'Allioni.
— Quelques botanistes nous ont obligeamment fait des envois, ce sont
MM. Gentile et Strafforello, de Port-Maurice (Ligurie), H. Groves, de
Florence, qui a herborisé dans les Alpes d'Ormea, C. Lacaita, de Lon-
dres, et M. G.-H. Reichenbach. — Notre ami, M. W. Barbey, a spécialement droit à notre reconnaissance pour nous avoir confié depuis deux
ans la riche collection des Hieracium de l'herbier Reuter avec les matériaux qui y ont été ajoutés depuis la mort de ce botaniste. Reuter a

souvent parcouru les Alpes maritimes, il communiquait ses récoltes à Fries qui les lui retournait annotées; nous avons trouvé là de précieuses indications. — Nous devons encore une mention spéciale aux herbiers de Gaudin et de Schleicher qui appartiennent au musée de Lausanne et dont une portion nous a été confiée avec une grande libéralité. — Enfin pour les régions voisines des nôtres nous avons utilisé les collections de plantes distribuées par la société d'échanges Dauphinoise, qui renferment une grande partie des Hieracium décrits par M. Arvet-Touvet. Ce botaniste possède une connaissance parfaite des espèces d'une flore qui a beaucoup d'analogies avec la nôtre ; il a bien voulu nous communiquer divers renseignements et nous faire des envois de plantes pour lesquels nous lui exprimons tous nos remerciements. — Pour le versant piémontais des Alpes qui ont été si bien explorées par M. Arvet-Touvet, nous avons reçu des renseignements très complets, grâce à l'obligeance de M. Rostan, de San Germano (Pinerolo), qui nous a communiqué toutes les épervières de son herbier des Alpes Cottiennes.

Pour apprécier les résultats essentiels que notre travail a fournis au point de vue de la connaissance des Hieracium des Alpes maritimes, il suffira de le comparer aux renseignements donnés par la flore d'Ardoino[*], dans laquelle sont résumées pour ce genre les seules connaissances qu'on possède aujourd'hui sur cette circonscription.

Ardoino a énuméré 27 espèces, dont 2 doivent être exclues[1]. Des 25 espèces qui restent, 18 appartiennent à nos types de premier

---

[*] H. Ardoino (né le 19 sept. 1819, † le 24 août 1874), *Flore des Alpes maritimes*, Menton 1867. Réimprimé en 1879.

[1] *H. aurantiacum* L. ; Ard. op. cit. Les ex. de l'herb. Lisa (Maddalena) cités par Ardoino, appartiennent au *H. cymosum*. La première de ces espèces, pour laquelle on a probablement pris la variété à fleurs rouges de la seconde, n'a pas encore été trouvée dans nos régions ni dans les Basses Alpes; elle appartient à la section *Auriculina*, et se reconnaît par la présence fréquente de stolons épigés, l'absence presque constante de poils étoilés sur ses feuilles, par ses capitules à folioles involucrales int. obtuses, plus grands que dans le *H. cymosum*, disposés en corymbe plus lâche et gén. moins fourni, et enfin ses styles livides.

H. strictum Fries ; Ard. op. cit. éd. 1, p. 244. Voir notre note 3 à la page 18.

Une troisième espèce à exclure (non mentionnée par Ardoino) est le *H. pratense* Tausch, que de Notaris (rep. fl. Lig., p. 260) donne comme fréquent dans nos Alpes orientales, mais pour lequel il a probablement pris le *H. cymosum* qui ne figure pas dans son énumération. L'espèce de Tausch ne peut guère se trouver dans nos régions, d'après son aire géographique. Cependant Grenier et Godron ont indiqué Toulon ! (Robert), et Shuttleworth, dans une lettre à son ami Godet, disait avoir vu le même Hieracium dans la Provence, déterminé par Christener : *H. pratense* Tausch.

ordre[1], 6 rentrent dans nos espèces secondaires et 1 dans nos formes douteuses. — Notre catalogue comprend 49 numéros qui se rapportent à 24 types de premier ordre, 25 d'ordres inférieurs, et nous avons ajouté, sans leur attribuer de numéros, 8 formes douteuses et 5 hybrides. — Les types de premier ordre : *H. glaucum*, piliferum, alpinum, humile, Schmidtii, Virga-aurea*, tridentatum** et *boreale**[2] manquent chez Ardoino ; mais il convient d'ajouter que les espèces désignées ` n'ont pas encore été trouvées dans la circonscription de cet auteur qui est moins étendue que la nôtre. — Les sous-espèces suivantes n'ont pas été mentionnées par Ardoino : *H. Peleterianum*[3], *glaciale*[4], *calycinum*, Delasoiëi*, chloræfolium*, subnivale*, armerioides, Valesiacum, ramosissimum, viscosum, Pseudo-Cerinthe*, **Pedemontanum, Borneti***, *pictum, pellitum*, cæsium* et *pseudo-eriophorum**; mais celles désignées ` sont jusqu'ici étrangères au domaine d'Ardoino. — Enfin nous avons considéré comme des formes douteuses les *H. Pamphilii*, valdepilosum, Ligusticum*, **Tendæ, Monregalense** `, **digeneum** et **dolosum***, qui sont tous nouveaux pour notre flore. — Les Hieracium désignés par des lettres grasses sont décrits pour la première fois ; nous n'avons du moins pas trouvé dans les auteurs et dans les collections de formes qui puissent être identifiées avec eux.

Il ne faudrait point prendre dans un sens bien précis nos appréciations sur la valeur relative de nos divers types spécifiques et de leurs formes dérivées ; nous n'avons opéré à cet égard qu'un triage évidemment très imparfait. Un travail de ce genre, nous le répétons, ne peut être mené à bonne fin que par un spécialiste qui possède des connaissances complètes sur le groupe entier. — Nous estimons, grâce aux travaux déjà publiés, avoir mieux réussi en ce qui concerne la classification et le groupement des sections du genre.

Nous rappellerons enfin les dispositions ou notations suivantes qui

---

[1] Nous comprenons ici notre *H. Lantoscanum*, sous-espèce dérivée du *H. intybaceum* Jacq., qu'Ardoino n'a pas séparée de ce dernier. — Nous admettons aussi le *H. ochroleucum* Schl. auquel devrait se rapporter le *H. cydoniæfolium* d'Ardoino, mais il est bien douteux que l'auteur de la Flore des Alpes maritimes ait compris cette espèce : les ex. du val Pesio, qu'il mentionne, appartiennent au *H. ramosissimum* var. *Pesianum* Nob.

[2] L'espèce qu'Ardoino a désignée sous le nom de *H. boreale* paraît être le *H. Provinciale* Jord.

[3] Le *H. Peleterianum* (d'après les ex. de l'herbier Thuret) a été confondu par Ardoino avec le *H. Pilosella*.

[4] Le *H. glaciale* Reyn. a probablement été confondu par Ardoino avec le *H. Laggeri* (Schultz) Fries.

ne sont la plupart que la répétition de celles que nous avons adoptées dans les études que nous avons déjà publiées sur la flore des Alpes maritimes.

Les stations sont énumérées en indiquant d'abord celles qui sont le plus à l'est pour suivre du côté de l'ouest. — La circonscription admise est d'ailleurs plus étendue que celle d'Ardoino, elle comprend la chaîne entière des Alpes maritimes, depuis le col de la Maddalena, au nord de l'Enchastraye, jusqu'au col de San Bernardo en Ligurie, au nord-ouest d'Albenga. La limite au nord est le cours de la Stura, puis Cuneo, Mondovi et Ceva ; au sud le littoral.—Nous avons adopté les régions naturelles d'Ardoino : *région littorale,* soit une zone d'environ 12 kilomètres de largeur bordant d'Albenga (Ligurie) à Agay (Var) le rivage de la mer, pourvu que le terrain ne s'y élève pas à plus de 800 mètres d'altitude (qui est à peu près la limite de la zone des oliviers) ; *région montagneuse,* celle qui s'étend au delà de 12 kilomètres de la mer ou au-dessus de 800 mètres ; *région alpine,* celle qui dépasse 1600 mètres d'altitude.

Les localités qui se trouvent sur le territoire italien sont désignées ** et celles sur territoire français *. Celles dont nous possédons ou dont nous avons vu des exemplaires authentiques sont suivies du signe ! et celles dans lesquelles nous avons nous-mêmes récolté la plante sont notées ! !.

Les espèces ou variétés précédées du signe † désignent celles qui n'ont pas été mentionnées dans la flore d'Ardoino, mais qui n'appartiennent pas jusqu'ici à la circonscription de cet auteur, et celles marquées † † ont été omises par Ardoino, quoique ayant été observées par nous dans son champ d'exploration.

Nous avons indiqué, à la suite des notes fournies sur l'habitation de chaque espèce, les renseignements (malheureusement trop rares) que nous possédons sur leur présence dans les contrées voisines des nôtres : Ligurie (Lig.), vallées Vaudoises du Piémont (V. V.), Basses Alpes (B. A.) et Var (V.).

Des caractères typographiques différents désignent (non sans réserve) les espèces et variations de divers ordres. Ainsi :

HIERACIUM est pour nous une espèce de premier ordre.

HIERACIUM   Id.   d'ordre inférieur.

Hieracium   Id.   une forme douteuse, qui peut être une espèce d'ordre secondaire, une forme intermédiaire

(*Zwischenform* Nægeli), une variété, ou encore un produit hybride, et à laquelle nous n'avons pas donné de numéro d'ordre.

A l'égard des variétés, nous avons adopté, suivant les cas, l'un ou l'autre des deux procédés usités pour les énumérer. Lorsque l'une des variétés observées pour une certaine espèce se rattachait à une forme très connue, à la fois constante dans ses manifestations et la plus répandue dans l'ensemble de l'aire de l'espèce (en dehors de notre circonscription), nous avons considéré cette forme comme le type de l'espèce et désigné nos autres variétés par β, γ, etc. Lorsque, au contraire, nous avons eu quelques doutes au sujet de la valeur relative des éléments du groupe spécifique, nous les avons tous considérés comme égaux et énumérés autant que possible dans l'ordre de leurs affinités, sous α, β, γ, etc. Dans ce second cas, nous avons toujours évité de désigner l'une ou l'autre des variétés comme le type de l'espèce. Sans aucun doute, les éléments du groupe ainsi présentés ne sont point de valeur égale, pas plus que ne le sont souvent les divers éléments du genre, mais les inconvénients d'une telle exposition sont assurément moindres que ceux résultant d'un triage souvent bien arbitraire entre les diverses variétés, surtout lorsqu'il s'agit de l'étude d'une flore restreinte [1].

Vevey (Suisse), juillet 1883 [2].

RENSEIGNEMENTS BIBLIOGRAPHIQUES

Avec les monographies de Fries et les flores générales connues de tous les botanistes, nous avons consulté fréquemment et cité quelques publications moins répandues, mais indispensables ou fort utiles pour l'étude des Hieracium. Ce sont les suivantes :

1. **Christener** : die Hieracien der Schweiz; 24 pages et 2 planches; Berne 1863.

2. **Nægeli** : Sitzungsberichte der K. bayerischen Akademie d. Wissensch. München. Année 1866 (systematische Behandlung d. Hieracien; Syno-

---

[1] Voir sur cette question : A. de Candolle, Phytographie, p. 50 et 74.

[2] Les pages 1 à 33 ont été distribuées à MM. les membres de la Société botanique de France, réunis à Antibes (Alpes maritimes) le 12 mai 1883.

nymie und Litteratur d. Hieracien; Innovation bei d. Hieracien). Année
1867 (die Piloselloiden als Gattungssection, etc.; die Piloselliformia).

3. **Neilreich** : Kritische Zusammenstellung der in Oesterreich-Ungarn
bisher beobachteten Arten, Formen und Bastarde der Gattung Hieracium (aus dem LXIII Bande der Sitzb. der K. Akad. der Wissensch.
Wien 1871), 77 pages.

4. **Arvet-Touvet** : Essai sur les plantes du Dauphiné; année 1871 (72
pages).
    Monographie des Pilosella et des Hieracium du Dauphiné, suivie de
l'analyse de quelques autres plantes; ann. 1873 (54 pages).
    Supplément à la monographie des Pilosella et des Hieracium du Dau-
phiné, etc.; ann. 1876 (39 pages).
    Additions à la monographie des Pilosella et des Hieracium du Dau-
phiné, etc.; ann. 1879 (20 pages).
    Essai de classification sur les genres Pilosella et Hieracium; extrait
du Bulletin de la société Dauphinoise d'échanges; ann. 1880 (15 pages).
    Spicilegium rariorum vel novorum Hieraciorum præcipue America-
norum et Europæorum; ann. 1881 (36 pages).
    Notes sur quelques plantes des Alpes, précédées d'une revue des Hie-
racia Scandinaviæ exsiccata de Lindeberg; ann. 1883 (28 pages).

5. **Cusin** : Herbier de la flore Française, volume XIV (planches 550 à 649,
reproduites par le procédé phytoxygraphique) année 1874.

6. **Bulletin de la société Dauphinoise** pour l'échange des plantes, années 1874 à 1883 (dix bulletins).

7. **Rehmann** : Diagnosen der in Galizien und in der Bukovina bisher beobachteten Hieracien (in Oest. bot. zeitschrift, XXIII Jahrgang, 1873).

8. **Fiek** : Flora von Schlesien, ann. 1881, p. 260-285. (La section Accipitrina
a pour auteur M. d'Uechtritz).

9. **Celakovsky** : Prodromus der Flora von Böhmen, ann. 1867-1875 et supplément ann. 1881 (l'ouvrage complet, 955 pages).

ÉNUMÉRATION DES HIERACIUM

DES ALPES MARITIMES

(Classés suivant leurs affinités.)

I. — PILOSELLA.
  A. PILOSELLINA.
1. H. Peleterianum.
2. H. Pilosella.
  B. AURICULINA.
3. H. glaciale.
4. H. Auricula.
  C. CYMELLA.
5. H. Florentinum.
6. H. præaltum.
7. H. cymosum.
  H. Laggeri.

II. — ARCHIERACIUM.
  A. AURELLA.
  I. Cerinthoidea.
8. H. Lawsonii.
9. H. Morisianum.
  II. Glauca.
10. H. calycinum.
11. H. glaucum.
12. H. Delasoiëi.
  III. Villosa.
13. H. chloræfolium.
14. H. scorzoneræfolium.
  H. Pamphilii.
15. H. villosum.
  IV. BARBATA.
16. H. piliferum.
17. H. subnivale.

18. H. glanduliferum.
19. H. armerioides.
  B. ALPINA.
20. H. alpinum.
  C. ALPESTRIA.
21. H. Juranum.
  D. PRENANTHOIDEA.
22. H. prenanthoides.
  H. valdepilosum.
23. H. Valesiacum.
  E. PICROIDEA.
24. H. ramosissimum.
25. H. viscosum.
26. H. ochroleucum.
  F. INTYBACEA.
27. H. Lantoscanum.
  G. AMPLEXICAULIA.
28. H. Pseudo-Cerinthe.
29. H. amplexicaule.
30. H. pulmonarioides.
31. H. Pedemontanum.
  H. Ligusticum.
  H. RUPICOLA.
32. H. humile.
33. H. Borneti.
  J. ANDRYALOIDEA.
34. H. rupestre.
  H. Tendæ.
35. H. pictum.

36. H. tomentosum.
37. H. andryaloides.
  H. Monregalense.
  H. digeneum.
38. H. pellitum.
  K. PULMONAROIDEA.
  I. Oreadea.
39. H. Schmidtii.
  II. Vulgata.
40. H. cæsium.
41. H. murorum.
42. H. vulgatum.
  L. ITALICA.
43. H. Virga-aurea.
44. H. Provinciale.
  M. ACCIPITRINA.
45. H. tridentatum.
46. H. boreale.
47. H. pseudo-eriophorum.
  H. dolosum.
48. H. umbellatum.

III. — CHLOROCREPIS.
49. H. staticefolium.

HYBRIDES.
  H. auriculæforme.
  H. Faurei.
  H. subrubens.
  H. Nägelii.
  H. fallacinum.

Analyse synoptique des groupes naturels du genre Hieracium

(pour nos espèces).

I. Akènes longs de 1 ¹/₂ à 2 ¹/₂ mm., denticulés au sommet par l'extrémité saillante des côtes ; aigrettes composées de soies sub-égales ; souche souvent stolonifère (tige aphylle ou paucifoliée). *Sous-genre.* . . **I. PILOSELLA** (p. 1).

II. Akènes longs de 2 ¹/₂ à 4 ¹/₂ mm.[1], à sommet non denticulé nettement par un prolongement saillant des côtes ; aigrettes composées de soies inégales ; souche toujours dépourvue de stolons. *Sous-genre.* . . . . **II. ARCHIERACIUM** (p. 6).

III. Akènes longs de 3 à 3 ¹/₂ mm., à sommet non denticulé[2] ; aigrettes composées de soies subégales ; souche émettant des stolons hypogés ; ligules devenant presque toujours vertes par la dessication (tige aphylle ou monophylle). *Sous-genre* **III. CHLOROCREPIS** (p. 43).

SOUS-GENRE I. — PILOSELLA

† Tige aphylle (hampe) et monocéphale[3] ; feuilles blanches ou grises-tomenteuses

[1] Sauf dans quelques-uns de nos ex. du *H. pictum* (du mont de la Chens) qui ont des akènes de 2 à 2 ¹/₂ mm. long.

[2] Les soies de l'aigrette, blanches et molles, atteignent gén. 8 à 9 mm. long. — Dans nos *Archieracium* elles ont 5 à 7 mm. et dans nos *Pilosella*, 2 ¹/₂ à 6 mm.; toujours raides et fragiles dans ces deux sous-genres.

[3] Dans les produits hybrides des *H. Pilosella* et *Peleterianum* (Sect. *Pilosellina*) avec les espèces des deux sections suivantes la tige est une ou plusieurs fois bifurquée, à capitules plus ou moins longuement pédonculés.

en dessous; fleurons de la circonférence
gén. rougeâtres en dessous. Plantes stolonifères ; exceptionnellement les stolons sont réduits à des rosettes sessiles
ou ils sont ascendants et florifères . . . A. PILOSELLINA (p. 1).

† †   Tige aphylle ou portant vers sa partie inf.
1 à 3 feuilles caulinaires (rarement plus);
3 à 100 capitules disposés en corymbe;
rarement la tige porte, par avortement,
un seul capitule.

*   Capitules 3 à 5, rarement plus, ou solitaires par avortement; tiges gén. arquées à la base, de 5 à 20 cm. de haut.;
souche horizontale ou oblique-horizon-
tale, souvent munie de stolons épigés
radicants . . . . B. AURICULINA (p. 2).

* *   Capitules 7 à 100, rarement moins; tiges
gén. dressées dès leur base; souche verticale ou oblique - verticale; stolons
nuls, ou plus rarement ascendants et
florifères [1], jamais radicants . . . . . C. CYMELLA (p. 2).

SOUS-GENRE II. — ARCHIERACIUM

†   Feuilles munies de poils plumeux ou subplumeux [2], sans poils glandulifères sur
les bords (sauf dans le H. digeneum,
p. 34). (Phyllopodes [3], à feuilles glaucescentes ou grisâtres, involucres plus
ou moins velus-laineux) [4] . . . . J. ANDRYALOIDEA (p. 30).

† †   Feuilles tantôt munies de poils tous glan-

---

[1] Nous n'avons pas encore rencontré dans les Alpes maritimes de variations stolonifères des espèces de cette section.

[2] Les poils sont : *plumeux* lorsqu'ils possèdent des barbes dont la longueur dépasse plusieurs fois le diamètre du poil ; *subplumeux* lorsque les barbes sont moins longues, tout en dépassant nettement le diamètre du poil.

[3] Nous avons simplement désigné sous le nom de : *phyllopodes* ceux de nos Hieracium dont la tige possédait des feuilles basilaires à l'époque de la floraison; *aphyllopodes* ceux dont la tige se montrait à ce moment dépourvue de feuilles basilaires encore vertes. L'état intermédiaire est celui d'une forme dite *hypophyllopode*. — Voir sur ces caractères et leur signification au point de vue de la classification les mémoires de M. Nägeli (in den Sitzungs-berichten der Bayerischen Akademie d. Wiss., Nov. u. Dec. 1866).

[4] Les *H. Delasoiei*, p. 10; *Pamphilii*, p. 12; *villosum* α, p. 13, de la section *Aurella*, et le *H. murorum* δ, p. 37, de la section *Pulmonaroidea*, offrent les caractères précédents, mais leurs affinités naturelles les excluent de la section J.

dulifères, tantôt de poils simples ou denticulés [1] (subplumeux dans les H. Pedemontanum, p. 27 et Borneti, p. 29),
mêlés de poils glandulifères (pédoncules glanduleux).

*   Phyllopodes (sauf H. amplexicaule β,
p. 25) [2]; folioles involucrales aiguës ou
acuminées (sauf H. humile, p. 29).

Δ   Involucres munis de poils longs non glandulifères nombreux; ligules à dents
glabres (feuilles caulinaires non em-
brassantes) . . . . H. RUPICOLA (p. 29).

Δ Δ   Involucres munis de poils longs non glandulifères nombreux; ligules à dents
poilues (souche à collet non laineux;
feuilles caulinaires non embrassantes;
alvéoles du réceptacle à bords dentés). B. ALPINA (p. 17).

Δ Δ Δ   Involucres dénués de poils longs non
glandulifères ou portant des poils tels,
mais peu nombreux (sauf dans les H.
Pedemontanum, p. 27 et Ligusticum,
p. 27); ligules à dents poilues (alvéoles
du réceptacle à bords nettement fibril-
leux). . . . . G. AMPLEXICAULIA (p. 24).

**   Aphyllopodes; folioles involucrales obtuses (sauf H. viscosum, p. 21) [3].

Δ   Feuilles franchement embrassantes et
souvent sub-panduriformes [comme
dans les Prenanthoidea]; ligules à
dents nettement poilues . . . . E. PICROIDEA (p. 20).

Δ Δ   Feuilles non panduriformes ni franchement embrassantes (à poils tous glandulifères); ligules à dents faiblement
poilues ou glabres (akènes d'un brun
foncé). « Inter Amplexicaulia et Pi-
croides quasi medium, » Fries, epic. 138. F. INTYBACEA (p. 22).

† † †   Feuilles munies de poils simples ou denticulés (non plumeux ni subplumeux;
sauf dans les H. Delasoiëi, p. 10, Pamphilii, p. 12, villosum α, p. 13, murorum δ,

---

[1] Portant des denticules dont la longueur ne dépasse pas le diamètre du poil.

[2] Les *H. Lantoscanum* et *viscosum* qui sont tantôt phyllopodes, tantôt aphyllopodes, ont été placés dans le groupe suivant **.

[3] Le *H. pseudo-eriophorum* possède les caractères indiqués pour cette division, mais il appartient par ses affinités naturelles à la section *M. Accipitrina*, p. XIV et 39.

        p. 37), dénuées de poils glandulifères
        (sauf dans le H. pseudo-eriophorum,
        p. 40), parfois glabres.

*   Phyllopodes[1] (sauf parfois les H. villo-
        sum γ, p. 14 et H. Juranum, p. 17).

Δ   Involucres à folioles plus ou moins régu-
        lièrement imbriquées, c'est-à-dire plus
        ou moins nombreuses et disposées sur
        plusieurs rangs (feuilles glauques ou
        glaucescentes, rarement vertes, les ba-
        silaires insensiblement atténuées vers
        leur base et sans pétiole distinct, ou ses-
        siles; très rarement brusquement con-
        tractées en un pétiole distinct) . . . . A. AURELLA (p. 6).

×   Bords des alvéoles du réceptacle fibril-
        leux [au moins dans le H. Lawsonii]
        (folioles involucrales int. aiguës ou acu-
        minées)[2] . . . . I. **Cerinthoidea** (p. 6).

××   Réceptacle non fibrilleux [selon Fries et
        Reichenbach]; ligules glabres, sauf par-
        fois dans le H. villosum γ.

α   Involucres à folioles gén. obtuses, dénuées
        de poils longs non glandulifères, ou
        portant un petit nombre de ces poils,
        sauf dans le H. Delasoiëi; 2 à 6 feuilles
        caulinaires étroites et atténuées vers
        leur base . . . . II. **Glauca** (p. 8).

α α   Involucres à folioles gén. aiguës ou acu-
        minées, munies de poils longs non glan-
        dulifères nombreux (dénuées de poils
        glandulifères); 2 à 8 feuilles caulinaires
        moins étroites et souvent arrondies à la
        base (pédoncules églanduleux) . . . . III. **Villosa** (p. 11).

α α α Involucres à folioles gén. aiguës ou acu-
        minées, munies de poils longs non
        glandulifères nombreux; feuilles cauli-
        naires nulles ou gén. très réduites, tou-
        jours atténuées vers leur base; capitules
        gén. solitaires (sauf H. armerioides). . IV. **Barbata** (p. 15).

Δ Δ   Involucres à folioles non régulièrement
        imbriquées, les intérieures presque de

---

[1] Les espèces de la section *Italica* sont parfois phyllopodes, bien qu'elles se trouvent pla-
cées dans la division * *.

[2] Ligules poilues, selon Fries epic. p. 6, mais nos ex. du *H. Lawsonii* ont des ligules
glabres.

même longueur, les extérieures gén. très courtes (pédoncules glanduleux, sauf dans le H. cæsium qui les montre très gén. églanduleux; feuilles basilaires dentées).

  ✕ Feuilles caulinaires non embrassantes ou nulles; ligules à dents gén. glabres; akènes noirs ou noirâtres. . . . . . . K. PULMONAROIDEA (p. 36).

  α Poils des feuilles sétiformes, longs et raides; feuilles basilaires (glauques) plus ou moins insensiblement atténuées vers leur base (styles jaunes) . I. **Oreadea** (p. 36).

  α α Poils des feuilles non sétiformes, ou, s'ils le sont, alors les feuilles basilaires ont une base subcordée, tronquée ou brusquement contractée en pétiole . . . . II. **Vulgata** (p. 36).

  ✕ ✕ Feuilles caulinaires (3 à 10) plus ou moins embrassantes; ligules à dents gén. poilues; akènes bruns (feuilles basilaires gén. peu nombreuses, parfois desséchées au moment de la floraison). Intermédiaire entre les Vulgata et les Prenanthoidea . . . . C. ALPESTRIA (p. 17).

  * * Aphyllopodes (sauf le H. Virga-aurea et parfois le H. Provinciale)[1].

  Δ Feuilles franchement embrassantes, souvent panduriformes et réticulées-veinées en dessous; pédoncules glanduleux [dans nos ex. des Alpes maritimes]; ligules à dents gén. poilues (akènes jamais noirs ou noirâtres) . . D. PRENANTHOIDEA (p. 18).

  Δ Δ Feuilles à base atténuée ou arrondie, non embrassante; pédoncules glanduleux ou églanduleux; ligules à dents glabres (inflorescence plus ou moins racémiforme; involucres à folioles moins imbriquées que dans la section suivante)[2] . . . . L. ITALICA (p. 38).

  Δ Δ Δ Feuilles à base atténuée ou arrondie, plus rarement demi-embrassante; pé-

---

[1] Le *H. Juranum* qui est parfois aphyllopode est compris dans la division *.

[2] Cette section, dont l'aire est méditerranéenne, est bien caractérisée (Fries, epicr., p. 107) par des akènes pâles, mais on ne peut en séparer le *H. Provinciale*, à akènes foncés, dont l'aire atteint le Dauphiné et la Savoie et qui forme un passage des *Italica* aux *Accipitrina* (*H. boreale*).

doncules églanduleux ; ligules à dents
glabres [sauf le H. pseudo-eriophorum
qui a des pédoncules glanduleux et des
ligules un peu ciliolées] (involucres à
folioles franchement imbriquées ; akènes noirâtres, sauf dans le H. dolosum ?
et le H. pseudo-eriophorum ?) . . . . . M. ACCIPITRINA (p. 39).

SOUS-GENRE III. — CHLOROCREPIS

Une seule espèce dont les caractères sont indiqués dans les tableaux qui
suivent.

CLEF ANALYTIQUE

POUR AIDER A LA DÉTERMINATION DES DIVERS TYPES
ET DES PRINCIPALES FORMES DE HIERACIUM CONNUS JUSQU'ICI
DANS LES ALPES MARITIMES

Obs. 1. Nous avons omis dans cette clef les hybrides certains ainsi que quelques formes critiques et exceptionnelles.

Obs. 2. Tous les caractères indiqués dans notre clef ont été vérifiés sur les exemplaires de notre dition. — Il peut se faire que ces caractères ne s'appliquent pas toujours en dehors de nos régions à toutes les variations du type auquel nous avons rattaché nos formes.

Obs. 3. Nous avons à excuser l'emploi de certains termes qui ne devraient, dans la règle, pas être admis dans une clef dichotomique. Il paraîtra peu pratique, en effet, de présenter un caractère en le faisant précéder des mots généralement, souvent, ou rarement, car le botaniste qui utilise la clef a ordinairement en vue une forme donnée et ignore si tel ou tel caractère qu'elle présente se manifeste généralement ou non dans l'ensemble du groupe auquel cette forme se rattache. Nous avons employé aussi rarement que possible des caractères ainsi suivis d'une réserve, mais dans un genre aussi critique la chose n'est pas toujours possible. Parfois deux espèces très distinctes diffèrent par une série de caractères dont aucun n'est absolument constant. Il ne faut pas d'ailleurs considérer nos tableaux et clefs que comme un moyen de détermination souvent incertain qui devra être complété par les descriptions des auteurs.

Obs. 4. Lorsque certains caractères, attribués à un numéro ou à un Hieracium déterminé, sont placés entre parenthèses ( ), cela signifie que le ou les numéros qui se trouvent en opposition, n'ont pas tous des caractères qui diffèrent de ceux indiqués en parenthèse.

SOUS-GENRE I. — PILOSELLA (p. IX).

1. Tige d'env. 5 à 20 cm. haut., monocéphale
(souche stolonifère, à stolons couchés, rarement ascendants et florifères, parfois réduits à des rosettes sessiles; feuilles blanches ou grises-tomenteuses en dessous;
fleurons de la circonférence gén. rougeâtres
en dessous). 2

— Tige d'env. 5 à 20 cm. haut., portant très gén.
3 à 5 capitules (feuilles non blanches to-
menteuses en dessous; fleurons de la circonférence concolores) 3

— Tige d'env. 30 cm. haut. et plus, portant gén.
7 à 100 capitules (souche dépourvue de stolons, dans toutes nos variations) 4

2. Stolons plus ou moins allongés . . . . **Pilosella**. . . . . p. 1.

— Stolons très courts ou presque nuls, plus épais
(jamais radicants, Reuter note ms.); feuilles
plus allongées, à poils sétiformes de la face
sup. plus longs; pédoncules plus robustes;
folioles involucrales munies de poils longs
non glandulifères très abondants. . . . . **Peleterianum**. . . . . p. 1.

3. Feuilles munies, au moins sur leur nervure
médiane inf. ou sur leurs bords, de poils
étoilés[1]; stolons courts ou nuls, rarement
allongés . . . . **glaciale**. . . . . p. 2.

— Feuilles dépourvues de poils étoilés; stolons
plus ou moins allongés, rarement nuls;
plante gén. moins hérissée que la précé-
dente, surtout sur les involucres . . . . . **Auricula**. . . . . p. 2.

4. Feuilles vertes (hérissées ou pubescentes en
dessus et munies, au moins en dessous, de
poils étoilés); inflorescence en corymbe ombelliforme, diffus ou compact (pédoncules
portant des poils longs non glandulifères
gén. très nombreux, avec ou sans poils glan-
dulifères)[1] . . . . **cymosum**. . . . . p. 4.

---

[1] Le *H. Laggeri* (p. 5) est une forme intermédiaire assez polymorphe entre les *H. glaciale* et *cymosum*. Nos ex. (34) des Alpes marit. diffèrent du premier par leurs tiges plus
dressées et plus élevées (25 à 40 cm.), dénuées des stolons, portant souvent 2 et même 3
feuilles caulinaires, leurs capitules plus ramassés; du second, par leurs tiges gén. moins
élevées, leurs feuilles basilaires plus courtes, plus étroites et leurs capitules moins nombreux (4 à 10), souvent plus grands.

SOUS-GENRES II ET III. — ARCHIERACIUM
ET CHLOROCREPIS (p. IX).

---

[1] Voir p. X, note 3, pour la signification des mots *aphyllopodes* et *phyllopodes*.

[2] Voir p. X, note 2, et XI note 1, pour la définition des mots *plumeux*, *subplumeux* et *denticulés*.

---

1 « *Tactu non viscosum,* » d'après Schleicher; caractère que nous avons vérifié en
Suisse, mais que nous avons négligé d'observer sur le vif dans les Alpes maritimes.

---

[1] Les caulinaires inf. et moyennes ord. de même forme, mais réduites ; cependant dans certaines variations du *H. Pamphilii* ces dernières sont subovales à base arrondie.

15. Ligules à dents glabres; tige de 5 à 10 cm.
     haut. . . . . • . . . . **Borneti** . . . . p. 29.
— Ligules à dents poilues; tige de 15 à 30 cm.. **Pedemontanum** . . . . p. 27.
                                              digeneum . . . . p. 34.

16. Poils des feuilles franchement plumeux (pé-
     doncules dépourvus de poils glandulifères,
     sauf dans quelques variations des H. to-
     mentosum et andryaloides, variations très
     rares dans nos régions). 17
— Poils des feuilles subplumeux ou les uns sub-
     plumeux, les autres denticulés 18
17. Feuilles entières ou obscurément dentées . . **Pamphilii** β . . . . p. 12.
                                              tomentosum . . . . p. 32.

— Feuilles incisées-dentées ou sinuées-dentées,
     à duvet toujours plus mince que dans les
     variations typiques du H. tomentosum et
     laissant apercevoir la couleur verte du pa-
     renchyme; feuilles caulinaires gén. moins
     développées et capitules moins grands que
     dans ce dernier Hieracium . . . . **andryaloides** . . . . p. 33.
18. Involucres dénués de poils longs non glandu-
     lifères (souche à collet très laineux; feuilles
     basilaires ovales-oblongues, entières; les
     caulinaires nulles ou bractéiformes; pédon-
     cules à poils glandulifères; bords des al-
     véoles du réceptacle fibrilleux) [voir Nº 24] **Lawsonii** . . . . p. 6.
— Involucres munis de poils longs non glanduli-
     fères nombreux 19
19. Feuilles caulinaires 2 ou 3, les moyennes
     larges, ovales et subembrassantes; pédon-
     cules dépourvus de poils glandulifères; ca-
     pitules médiocres; folioles involucrales int.
     atténuées-aiguës; ligules à dents poilues;
     styles livides; réceptacle ... ?; plante rap-
     pelant par son port certaines variations du
     H. amplexicaule [H. amplexicaule × to-
     mentosum??] . . . . **Monregalense** . . . . p. 33.
— Feuilles caulinaires 3 ou plus, les moyennes
     larges, ovales ou ovales-oblongues; pédon-
     cules églanduleux; capitules grands; folio-
     les involucrales (à poils très longs, les ext.
     étalées, souvent plus larges que les int.) at-
     ténuées-aiguës ou subulées; ligules à dents
     glabres ou munies parfois de quelques poils
     allongés; styles jaunes; alvéoles du récep-

tacle à bords plus ou moins dentés, mais
non fibrilleux; variété du H. villosum à
poils très abondants et gén. subplumeux **villosum** α .... p. 13.

— Feuilles caulinaires 3 ou plus, les moyennes
oblongues ou lancéolées, rarement ovales;
pédoncules dépourvus de poils glandulifères; capitules médiocres; folioles involucrales int. atténuées-aiguës; ligules à dents
glabres; styles livides, rarement jaunes; alvéoles du réceptacle à bords peu saillants
et non fibrilleux; plante rappelant gén. par
son port le H. scorzoneræfolium [H. scor-
zoneræfolium × tomentosum??] . . . . . **Pamphilii**........... p. 12.

— Feuilles caulinaires 1 à 3, les moyennes lancéolées ou oblongues-lancéolées, parfois très
réduites (les basilaires oblongues à subovales, gén. atténuées ou contractées en
pétiole distinct, souvent dentées); pédoncules munis ou dépourvus de poils glandulifères; capitules médiocres ou petits; folioles involucrales int. atténuées-aiguës,
rarement subulées; ligules à dents glabres
ou poilues; styles livides, parfois jaunes;
alvéoles du réceptacle à bords gén. très
dentés et sub fibrilleux; plante rappelant
par son port les espèces de la section Pulmonaroidea dont elle est peut-être un mem-
bre, croisé avec le H. tomentosum (?) . . . **pellitum**........... p. 35.

20 (2). Pédoncules munis de poils glandulifères, parfois très peu nombreux 21
— Pédoncules dépourvus de poils glandulifères 29
21. Feuilles basilaires glauques ou glaucescentes,
entières, dentées ou sinuées-dentées, oblongues-lancéolées, lancéolées ou sublinéaires,
glabres ou peu velues, toujours glabres en
dessus; les caulinaires au nombre de 2 à 6,
atténuées vers leur base; poils glandulifères des pédoncules rares; tige dépourvue
ou à peu près de poils longs non glanduli-
fères [voir N°s 34 et 35] . . . . **calycinum**........... p. 8.
                                         glaucum .... p. 9.

— N'offrant pas l'ensemble des caractères ci-
dessus 22
22. Feuilles caulinaires (au nombre de 3 à 10) plus
ou moins embrassantes, souvent subpandu-

— Poils des bords des feuilles non longs, raides et
  sétiformes; ligules à dents glabres, très exceptionnellement poilues 26

26. Feuilles basilaires à base subcordée, arrondie
  ou brusquement contractée en un pétiole
  toujours distinct; pédoncules plus ou moins
  étalés . . . . **murorum** . . . . p. 37.

— Feuilles basilaires plus ou moins atténuées
  vers leur base. 27

27. Tige de 20 à 40 cm. haut., aphylle ou parfois
  avec une feuille développée, portant gén.
  1 à 5 capitules, rarement plus, gén. dépourvue de poils longs non glandulifères et
  munie de poils glanduleux courts, peu nombreux; feuilles basilaires (glauques, glabres ou glabrescentes en dessus), assez brusquement rétrécies vers leur base, à pétiole
  distinct, gén. dentées ou incisées-dentées;
  involucres munis de poils médiocrement
  longs, non glandulifères, très gén. abondants
  (défleuris subglobuleux; pédoncules dressés
  ou étalés-dressés; port d'un H. murorum à
  feuilles glauques) [voir Nᵒ 35] . . . . . . **cæsium** . . . . p. 36.

— Tige de 10 à 35 cm. haut., aphylle et à un seul
  capitule, ou portant 1-2 feuilles assez développées et 2 à 7 capitules, munie vers le
  sommet de poils glanduleux [plus nombreux que dans le H. cæsium] entremêlés
  de poils longs non glandulifères gén. peu
  abondants; feuilles basilaires le plus souvent longuement atténuées vers leur base,
  à pétiole non ou peu distinct, entières ou sinuées-dentées; involucre muni de poils médiocrement longs et toujours nombreux
  [gén. moins que dans l'espèce suivante dont
  il est voisin] (ligules souvent froissées-avor-
  tées) . . . . **armerioides** . . . . p. 16.

— Tige de 10 à 20 cm. haut., aphylle ou portant
  une seule feuille bractéiforme, monocéphale, munie dans presque toute sa longueur de poils glanduleux abondants,
  mais à poils longs non glandulifères peu
  nombreux ou presque nuls; feuilles basilaires (lancéolées ou sublinéaires) sans pétiole distinct (velues sur les deux faces ou
  glabres), presque entières; involucre cou-

vert de poils longs non glandulifères très
abondants . . . . **glanduliferum**. . . . . . . p. 16

— Tige de 10 à 20 cm. haut., aphylle ou portant
une feuille bractéiforme, monocéphale, munie dans presque toute sa longueur de poils
très longs et non glandulifères nombreux,
mais à poils glanduleux peu nombreux[1];
involucre comme dans l'espèce précédente;
feuilles basilaires gén. plus larges et velues
sur les deux faces . . . . **piliferum** α . . . . p. 15,

28(23). Feuilles caulinaires gén. très nombreuses,
sessiles, à base souvent élargie, les inf. plus
ou moins rapprochées vers la base de la
tige; inflorescence plus ou moins racémiforme; folioles involucrales obtuses; port
du H. boreale dont il est voisin . . . . . . **Provinciale**. . . . . p. 38.

— Feuilles caulinaires moins nombreuses, atténuées vers leur base, sessiles ou pétiolées, distantes, moins petites et plus allongées que dans le précédent; inflorescence
en corymbe non racémiforme; folioles involucrales obtusiuscules ou acutiuscules;
port du H. murorum dont il est très voisin. **vulgatum**. . . . . p. 37.

29(20). Ligules devenant presque toujours verdâtres
par la dessiccation; feuilles toutes ou presque
toutes basilaires, linéaires-lancéolées, glabres ou glabrescentes ainsi que la tige; folioles involucrales subbisériées, acuminées;
souche émettant des stolons hypogés . . . **staticefolium**. . . . . p. 43.

— N'offrant pas l'ensemble des caractères ci-
dessus 30

30. Tige portant au moins 3 feuilles développées 31

— Tige aphylle ou munie de 1-2 feuilles bien
développées 35

31. Capitules nombreux, disposés en panicule
subracémiforme; feuilles vertes (les caulinaires au nombre de 5 à 25; folioles invo-
lucrales obtuses) [voir Nᵒˢ 23 et 47] . . . . **Virga-aurea** . . . . p. 38,
Provinciale. . . . . p. 38.

— Capitules peu nombreux (1 à 7), solitaires ou
disposés en corymbe, portés sur des pédoncules plus ou moins allongés; feuilles glauques ou glaucescentes 32

---

[1] Dans nos ex. ; mais en dehors de notre dition cette espèce est gén. églanduleuse, ainsi
qu'elle l'est dans notre variété β *ramiferum* (voir Nᵒ 35).

---

[1] Akènes bruns, d'après M. Arvet-T.; ils sont noirâtres dans le *H. scorzoneræfolium* dont cette sous-espèce (?) n'est peut-être qu'une var. glabrescente à feuilles larges, folioles involucr. moins aiguës, peu hérissées et assez appliquées.

de 1 ou 2 dents, velues en dessus [parfois peu],
glabres en dessous (souche à collet très laineux; tige de 8 à 12 cm. haut.; akènes d'un
brun jaunâtre assez pâle). . . . . **subnivale** β . . . . p. 15.

— Tige à 2-8 capitules, munie de poils longs
non glandulifères nuls ou rares et ne se trou-
vant que vers la base de la tige; feuilles
basilaires sans pétiole distinct, entières ou
dentées, glabres en dessus (folioles involucrales à poils longs peu nombreux ou nuls,
les int. obtuses). [Voir Nᵒˢ 13, 21 et 34] . . **glaucum** . . . . p. 9.
                                                Delasoiël . . . . p. 10.

— Tige portant 1 à 5, plus rarement jusqu'à 7
capitules, à peu près dépourvue de poils
longs non glandulifères; feuilles basilaires
à pétiole distinct, gén. dentées ou incisées-
dentées et glabres ou glabrescentes en
dessus (folioles involucrales int. atténuées-
aiguës ou cuspidées, dans nos ex.); port
d'un H. murorum à feuilles glauques. [Voir
Nᵒ 27] . . . . **cæsium** . . . . p. 36.

36 (1). Poils des feuilles tous, ou au moins en partie
glandulifères; ces derniers parfois très peu
nombreux (pédoncules munis de poils glandulifères nombreux) 37
— Feuilles dénuées de poils glanduleux 42
37. Poils des feuilles en majeure partie non glandulifères; poils glanduleux de l'involucre
entremêlés de poils longs plus ou moins
nombreux; ligules à dents glabres ou ob-
scurément ciliolées . . . . **pseudo-eriophorum** . . . p. 40.
— Poils des feuilles et des involucres tous ou
presque tous glandulifères; ligules à dents
franchement poilues [sauf parfois dans le
H. Lantoscanum] 38
38. Feuilles (dentées ou sinuées-dentées, non panduriformes, non réticulées-veinées en dessous); celles moyennes et supérieures non
ou peu embrassantes (pédoncules presque
dressés, munis de poils glandulifères noirâtres; akènes d'un brun foncé). Sous-espèce
très voisine du H. intybaceum . . . . . . **Lantoscanum** . . . . p. 22.
— Feuilles moyennes et supérieures franchement
embrassantes. 39
39. Akènes d'un brun jaunâtre clair (folioles in-

volucrales int. obtuses) . . . . **ramosissimum** γ . . . . . . p. 21.

— Akènes d'un brun noirâtre ou rougeâtre foncé 40

40. Feuilles non panduriformes (plus ou moins
dentées); alvéoles du réceptacle à bords
dentés ou subfibrilleux; tiges fermes et robustes (inflorescence gén. riche); formes intermédiaires entre les H. amplexicaule et
prenanthoides, mais plus rapprochées du
premier par leur port . . . . **ramosissimum** [1] α . . . . . p. 20.

— Feuilles plus ou moins panduriformes, moins
fermes, réticulées-veinées en dessous en un
réseau plus serré et plus distinct; alvéoles
du réceptacle à bords dentés, non ou à peine
fibrilleux; tiges moins robustes; formes intermédiaires entre les H. amplexicaule et
prenanthoides, mais plus rapprochées du
second 41

41. Plante hypophyllopode, possédant souvent à
la floraison des feuilles inférieures encore
vertes, très longuement atténuées vers leur
base; feuilles dentées ou denticulées, rarement subentières; inflorescence plus courte
et plus réduite que dans le suivant; folioles
involucrales int. aiguës ou subaiguës [2] . . **viscosum** . . . . p. 21.

— Plante aphyllopode; feuilles denticulées ou
subentières; port du H. prenanthoides et

---

[1] Nos ex. des Alpes maritimes du *H. ramosissimum* α ont les poils des feuilles tous glanduleux, mais les éch. de la Suisse montrent ces mêmes poils gén. entremêlés d'autres
simples et allongés. — M. Arvet-Touvet (notes p. 13) attribue aux variétés *typicum* et *conringiæfolium* de son *H. lactucæfolium* (qui appartiennent à notre *H. ramosissimum*),
ainsi qu'au *H. viscosum*, un péricline à écailles ext. appliquées et non très étalées, caractère qui doit distinguer ces formes de toutes les variations du *H. amplexicaule*.

[2] M. Arvet-Touvet, dans ses notes p. 13, dit du *H. conringiæfolium* : « involucri
squamæ . . . . . . alabastris adpressæ (non . . . . . . porrectæ, alabastra longe superantes, ut
in *H. viscoso*). » Nous ne parvenons pas à bien saisir ces différences sur nos ex. d'herbier.
Malgré l'utilité qu'offrirait un nouveau caractère pour reconnaître ces deux formes qui
sont bien voisines, quoique assez distinctes, nous n'avons osé donner celui dont il s'agit
dans notre clef. — En effet, M. Arvet-Touvet a changé à plusieurs reprises de manière de
voir sur les membres du groupe qui comprend les *H. ramosissimum* et *viscosum*. Nous en
sommes restés à l'exposition très bien faite de ces diverses formes, qui se trouve dans le
spicilegium de 1881. Les notes de 1883 (p. 14) montrent que l'auteur a quelque peu modifié
depuis lors son opinion sur le type *viscosum* qui, décrit à nouveau, ne se trouve plus être
entièrement le nôtre. Dans ces mêmes notes, le Valais est cité comme station du *H. viscosum*; or nous n'avons jamais vu en Suisse que la forme *Schleicheri* du *H. ramosissimum*. Cette dernière, par contre, que M. Arvet-Touvet nommait *H. Helveticum* dans le
spicilegium, ne figure plus au nombre de celles énumérées dans ses notes.

---

[1] Sauf dans quelques variations du *H. Proviaciale* et surtout dans sa var. *symphytaceum*.
[2] Dans les ex. récoltés en dehors de notre circonscription, car ceux des Alpes maritimes
de notre herbier sont sans akènes bien mûrs.

H. prenanthoides et boreale . . . . **Valesiacum**. . . . . p. 19[1].

45 (42). Involucre glabrescent ou glabre, avec des folioles ext. à sommet étalé-recourbé (capi-
tules gén. en corymbe ombelliforme) . . . **umbellatum** . . . . p. 42.

— Involucre muni de poils étoilés, avec ou sans
poils glanduleux ou simples, à folioles toutes
appliquées 46

46. Feuilles à nervures plus ou moins saillantes
sur la face inférieure et anastomosées [à
peu près comme dans le H. umbellatum]
(inflorescence et capitules du H. boreale;
feuilles du H. umbellatum, mais plus aiguës) **dolosum** . . . . p. 41.

— Feuilles à nervures peu saillantes sur la face
inférieure et non ou à peine anastomosées 47

47. Feuilles caulinaires moyennes lancéolées et
atténuées vers leur base, gén. munies de
chaque côté de 3 à 5 dents parfois très saillantes; tige assez grêle, fistuleuse. Par la
conformation de ses involucres, sa tige
moins feuillée (parfois phyllopode), sa floraison moins tardive, cette espèce montre
des affinités du côté du H. vulgatum . . . **tridentatum** [2] . . . . p. 30.

— Feuilles caulinaires moyennes entières ou
dentées, gén. plus larges, souvent ovales
à base arrondie ou demi-embrassante; tige
ferme et plus feuillée que dans le précédent; folioles involucrales plus nombreuses,
les int. plus larges et plus obtuses; florai-
son plus tardive d'env. un mois . . . . . . **boreale** . . . . p. 40.

— Feuilles caulinaires du précédent; inflorescence
subracémiforme; involucres plus grêles, à
folioles moins nombreuses et plus pâles;
akènes d'un brun plus ou moins foncé [non
noirâtres]; souche allongée, verticale. Es-
pèce gén. phyllopode. [Voir Nos 31 et 28]. . **Provinciale** . . . . p. 38.

---

[1] On pourrait chercher ici des formes du *H. Juranum* qui posséderaient des feuilles basilaires desséchées à l'anthèse; cette sous-espèce (gén. phyllopode) diffère du *H. Valesiacum* dont elle a les akènes bruns et les feuilles peu réticulées-veinées, par ses feuilles
caulinaires gén. moins nombreuses, moins larges et plus allongées, les plus inférieures
longuement atténuées en un pétiole distinct; son port est souvent celui du *H. vulgatum*,
tandis que le *H. Valesiacum* a parfois l'aspect du *H. boreale*.

[2] Nous avons indiqué les principaux caractères qui distinguent parfaitement, dans
l'Europe centrale, ce type qui pourrait se rencontrer dans nos régions, mais les ex. que
nous lui avons rapportés sont fort difficiles à distinguer de certaines formes à feuilles
étroites de notre *H. boreale* (voir p. 40). Pour bien comprendre ces deux types voisins, il
faut avoir étudié en dehors de notre circonscription leurs diverses manifestations. — Tel
est le cas d'ailleurs pour plusieurs autres formes.

FORMULES

POUR AIDER A LA DÉTERMINATION DES DIVERS TYPES
ET DES PRINCIPALES FORMES DES HIERACIUM CONNUS JUSQU'ICI
DANS LES ALPES MARITIMES

A l'aide des formules que nous donnons ici, on obtient généralement des déterminations plus rapides qu'avec le moyen d'une clef dichotomique telle que la précédente, avec les avantages suivants : lorsqu'on hésite sur l'un ou l'autre des caractères employés, on pourra s'en passer, en le remplaçant par un signe de doute ; lorsqu'une forme nouvelle se présentera, on obtiendra des indications sur ses affinités, au lieu de rester sans solution, ainsi que ce serait le cas avec l'emploi de la clef. — Malheureusement pour un genre aussi difficile que celui qui nous occupe, les formules sont parfois identiques pour plusieurs formes (souvent bien distinctes), il faudra dès lors recourir soit à la clef soit aux renseignements donnés dans le catalogue, en se reportant aux pages indiquées à la suite de chaque formule.

Obs. 1. Nous avons mentionné l'époque de la floraison pour chaque Hieracium, d'après les exemplaires qui ont été récoltés dans notre circonscription.

Obs. 2. Lorsque les lettres sont séparées par une barre, cela signifie que le Hieracium désigné a tantôt l'un, tantôt l'autre des caractères indiqués ; si les lettres se suivent, le Hieracium offre un caractère qui tient à la fois de ceux mentionnés.

Obs. 3. Lorsqu'une lettre se trouve en parenthèse ( ), cela signifie que le caractère qu'elle indique se présente rarement.

Obs. 4. Voir, au sujet du tableau qui suit, les renseignements qui ont été donnés dans les : *Notes sur un voyage botanique dans les îles Baléares,* etc., par E. Burnat et W. Barbey (ann. 1882).

SOUS-GENRE I. — PILOSELLA (p. IX).

Indication des caractères mentionnés, par des lettres,
dans le tableau qui suit.

a   Souche munie de stolons.
b   Souche dépourvue de stolons.

c   Tige de 5 à 20 cm. haut., monocéphale.
d   Tige de 5 à 20 cm. haut., portant gén. 3 à 5 capitules.
e   Tige de 30 cm. haut. et plus, portant gén. 7 à 100 capitules.

f   Feuilles munies de poils étoilés, au moins sur leur côte médiane inf. ou sur
    leurs bords.
g   Feuilles dépourvues de poils étoilés.

h   Feuilles glauques ou glaucescentes.
i   Feuilles vertes.

				Époque de la floraison.		
a/(b)	c	f	h	23 IV–VIII........	Pilosella........	p. 1.
a/b	c	f	h	1 VII-VIII	Peleterianum....	p. 1.
b/(a)	d	f	hi	6 VII-24 VIII.....	glaciale.........	p. 2.
a/(b)	d	g	h	30 V-IX	Auricula........	p. 2.
b	e	g	h	18 VI-23 VIII	Florentinum	p. 2.
b	e	f/g	h	7 V-7 VIII.......	præaltum	p. 3.
b	de	f	i	VII-VIII	Laggeri.........	p. 5.
b	e	f	i	14 V-8 VIII.......	cymosum	p. 4.

SOUS-GENRE II. — ARCHIERACIUM
ET III. — CHLOROCREPIS (p. IX).

Indication des caractères mentionnés, par des lettres,
dans le tableau qui suit.

a   Poils des feuilles tous ou presque tous glandulifères; jamais de poils plu-
    meux ou subplumeux.
b   Poils des feuilles glandulifères[1], entremêlés de poils non glanduleux tou-
    jours nombreux; ces derniers jamais plumeux ou subplumeux, mais
    simples ou denticulés.
c   Poils des feuilles franchement plumeux, c'est-à-dire à barbes dont la lon-

---

[1] Ces poils glandulifères sont parfois rares; il faut les chercher soigneusement au
bord des feuilles supérieures lorsqu'ils viennent à manquer sur les inférieures.

  gueur dépasse plusieurs fois le diamètre du poil; pas de poils glandulifères.

d Poils des feuilles subplumeux, c'est-à-dire à barbes moins longues, mais
  dépassant nettement le diamètre du poil, parfois entremêlés de poils
  simples ou denticulés; pas de poils glandulifères.

e Poils des feuilles subplumeux, entremêlés de poils glandulifères parfois
  peu nombreux.

f Poils des feuilles ni glandulifères ni plumeux ou subplumeux, mais souvent
  denticulés (les denticules ne dépassant pas le diamètre du poil) ou nuls.

g Ligules (des fleurons du capitule) à dents glabres.

h Ligules à dents poilues.

i Pédoncules munis de poils glandulifères, parfois très peu nombreux.

k Pédoncules dépourvus de poils glandulifères.

l Tige aphylle, ou montrant une et parfois deux feuilles réduites.

m Tige munie d'une ou deux feuilles développées.

n Tige portant plus de 2 feuilles développées.

o Feuilles caulinaires à base embrassante, demi-embrassante ou élargie.

p Feuilles caulinaires nulles, ou si elles existent, à base atténuée et non embrassante.

q Aphyllopodes : feuilles basilaires nulles ou desséchées au moment de la
  floraison.

r Phyllopodes : feuilles basilaires existant encore au moment de la floraison,
  plus ou moins insensiblement atténuées vers leur base.

s Phyllopodes : feuilles basilaires existant encore au moment de la floraison,
  à base subcordée, arrondie, tronquée ou brusquement contractée en un
  pétiole distinct.

t Feuilles glabres ou glabrescentes en dessus.

u Feuilles poilues sur les deux faces, pubescentes, velues, hérissées [avec
  ou sans poils glandulifères] ou poilues-glanduleuses.

v Feuilles velues en dessus, glabres ou glabrescentes en dessous.

w Involucre dont les poils longs non glandulifères sont nombreux.

x Involucre dont les poils longs non glandulifères sont rares ou nuls.

y Akènes (parfaitement mûrs !) noirs ou noirâtres.

z Akènes moins foncés, bruns ou rougeâtres.

α Akènes de couleurs pâles, jaunâtres ou brunâtres.

β Folioles involucrales intérieures plus ou moins aiguës.

γ Folioles involucrales intérieures obtuses.

										Époque de la floraison.		
a	h	i	m/n	o	r	u	x	?	β	25 VI-12 VII	Pseudo-Cerinthe	.... p. 24.
a	h	i	n	o	r	u	x	y	β	28 VI-IX	amplexicaule α	...... p. 25.
a	h	i	n	o	q	u	x	y	β	27 VII-23 VIII	amplexicaule β	...... p. 25.
a	h	i	n	o	q/r	u	x	z	βγ	18 VII-27 VIII	viscosum	.... p. 21.
a[1]	h	i	n	o	q	u	x	y/z/x[2]	γ	18 VII-23 VIII	ramosissimum	...... p. 20.
a[3]	h	i	n	o	q	u	x	α	γ	12 VII	ochroleucum	.... p. 22.
a	h/gh	i	n	o/op	q/r	u	x	y/z	γ	23 VII-7 VIII	Lantoscanum	.... p. 22.
b	g	i	m/n	p	s/(r)	u/(t)	w	y	γ	14 VI-VIII	humile	.... p. 29.
b	gh	i	n	p/op	q	u	w	?	γ	24 VIII	pseudo-eriophorum	. p. 40.
b	h	i	l/m	p	r	u	w	y/z[5]	β	VII-6 VIII	alpinum	.... p. 17.
b	h	i	m/n	p	r	t	wx	y	β	4 VIII	Ligusticum	.... p. 27.
b	h	i	n	p/(o)	r	u	x	α/zα	β	15 VI-8 VIII	pulmonarioides	..... p. 26.
c	g[4]	k/(i)	m/n	o/p	r	u	w	y	β	27 V-15 VIII.	tomentosum	.... p. 32.
c	g[4]	k/(i)	m/n	p	r	u	w	y	β	26 V-19 VI	andryaloides	.... p. 33.
c	g	k	n	p	r	u	w	y	β	4-8 VIII	Pamphilii β	.... p. 12.
d	g	i	l/m	p	r	t	w	y	β	2 VII-4 VIII	rupestre	.... p. 30.
d	g	k	l/m	p	s	t	w	y	β	19 VI-VIII	pictum	.... p. 31.

[1] Voir note [1] au *H. ramosissimum* α, p. XXVII; dans nos ex. de β et de γ les poils sont tous glandulifères et on rencontre à peine çà et là, surtout sur les feuilles inf., quelques rares poils allongés non glandulifères. — [2] Notre var. α : y, celle β : z et celle γ : z.

[3] Nos ex. des Alpes marit. ont les poils des feuilles tous glandulifères, mais ailleurs ce type présente souvent des poils simples mêlés aux autres sur les feuilles. — [4] Parfois obscurément ciliolées. — [5] Avec quelques doutes, vu le petit nombre de nos ex. à akènes mûrs.

										Epoque de la floraison.		
d	g	k	m	p	s	t	w	yz	ς	1 VII	Tendæ	p. 31.
d	g(h)	k	n/(m)	op	r	u	w	y	β	9 VII-3 IX	villosum α	p. 13.
d	g	k	n	p	r	t/(u)	w	y	β	1-8 VIII	Pamphilii α	p. 12.
d	g/h	i/k	l/m	p	r/s	u	w	y	β	15 VII-8 VIII	pellitum	p. 35.
d	h	k	m/n	o	r	u	w	?	β	15 VII	Monregalense	p. 33.
d	g	k	m/n	p	r	t	w	yz	γ	4-8 VIII	Delasoiëi	p. 10.
df	g	i	l/m	p	s	t	w/x	y	β	22 IV-12 VIII	murorum δ	p. 37.
df	g¹	i	l	p	r	u	x	y	β	1-2 VIII	Lawsonii	p. 6.
e	g	i	m	p	s/(r)	u	w	y	β	VII	Borneti	p. 29.
e	h	i	m/n	p	r	u	w	yz	β	16 VI-4 VIII	Pedemontanum	p. 27.
e	h	i	n	o	r	u	w	?	β	6 VII	digeneum	p. 34.
f	g	i²	l	p	r	u	w	y	β	3 VII-VIII	piliferum α	p. 15.
f	g	i	l	p	r	t/u	w	y	β	21 VI-24 VIII	glanduliferum	p. 16.
f	g¹	i	l	p	r	u	x	y	β	1-2 VIII	Lawsonii	p. 6.
f	g	i	l	p	r	v	w	z	β	16-27 VII	subnivale α	p. 15.
f	g	i	l/m	p	r	t/u	w	y³	β	4 VII-11 VIII	armerioides	p. 16.
f	g	i	l/m	p	s	t/u	x/(w)	y	β	23 II-22 VIII	murorum	p. 37.
f	g	k/(i)	l/m	p	r	t	w	y	β³	12 V-2 VIII	cæsium	p. 36.

[1] Nos 14 ex. des Alp. marit. ont les ligules glabres, exceptionnellement quelques dents montrent de rares poils, mais Fries, Gren. et Godr., Rchb. f., etc., les décrivent comme étant ciliées; nos échantillons de France et du Piémont les ont légèrement ciliolées. — [2] Voir note 1, page XXIV de la clef. — [3] Dans nos ex. des Alpes maritimes.

										Epoque de la floraison.		
f	h¹	i	l/m	p	r	u¹	w¹	y	β	VII	Schmidtii	p. 36.
f	h/(g)	i	n/(m)	o	q/r	t/u	x/(w)	z	γ	6 VII-31 VIII	Juranum	p. 17.
f	g/(h)	i	m/n	p	r/s	t/u	x/(w)	y	β/βγ	1 VII-9 VIII	vulgatum	p. 37.
f	g/h	i	n	o	q	t/u	x	z	γ	9 VII-18 VIII	Valesiacum	p. 19.
f	h/(g)	i	n	o	q	t/u	x/(w)	α	γ	9 VII-IX	prenanthoides	p. 18.
f	g	i/k	n	o/p	q/r	t/u	w/x	y/zα	γ	31 VII-19 X	Provinciale	p. 38.
f	g	k	n	p	s/rs	t	x	α	γ	VIII	Virga-aurea	p. 38.
f	g	i/k	n/(m)	p	r	t	x/w.x	y/yz	γ	1-8 VIII	glaucum	p. 9.
f	g	i/k	n	p	r	t	w.x	α	βγ	21 VII-7 VIII	calycinum	p. 8.
f	h²	i²	n	o	q	t/u	w	z/α	β/γ	25 VI-4 VIII	valdepilosum	p. 19.
f	h²	k	n	op	r	u	w	?	β	20 VII	Morisianum	p. 7.
f	g	k	l	p	r	v	w	zα	βγ	8 VIII	subnivale β	p. 15.
f	g	k	m	p	r	u	w	?	β	18 VII	piliferum β	p. 15.
f	g	k	n	o	r	t	w	z?	βγ	15-30 VII	chloræfolium	p. 11.
f	g	k	n	p/op	r	t	w	y	β	25 VI-3 IX	scorzoneræfolium	p. 12.
f	g/(h)	k	n/(m)	o/p	q/r	u/(t)	w	y	β	1 VII-18 VIII	villosum β, γ. δ	p. 14.
f	g	k³	n	o/p	q	t/u	x/w	y	γ	15-25 VIII	boreale	p. 40.
f	g	k³	n	p	q	t/u	x	y	βγ	27 VII	tridentatum	p. 39.
f	g	k	n	p	q	t/u	x	y	γ	18 VIII-8 IX	umbellatum	p. 42.
f	g	k	n	p	q	t	x	z	γ	19 VIII	dolosum	p. 41.
f	g/h	k	l	p	r	t	x	zα	β	27 V-23 VIII	staticefolium	p. 43.

[1] Dans nos ex. des Alpes maritimes. — [2] Parfois très faiblement. — [3] Les pédoncules sont parfois un peu glanduleux.

GENRE HIERACIUM

*Tournef. inst. p. p.; Linné p. p.; Tausch, bemerk. Hier.
in Flora 1828 ; Fries, symb. et epic.*

SOUS-GENRE I. — PILOSELLA *Fries, symb. p. 1.*

A. PILOSELLINA (stirps : H. Pilosella *Linné*, sec. *Fries, epic. p. 10*).

1. **H. PELETERIANUM** *Mérat!* (sec. spec. auct. in herb. *Gaudin*) *fl.
Par. ed. 1*; H. Pilosella var. c. pilosissimum *Fries, epic. p. 12*.

HAB. Assez répandu dans les rég. mont. et alp. (nos ex. récoltés entre 800 et
2300 m. s. m.) sur les deux versants de la chaîne des Alp. marit.   V. V.!

2. **H. PILOSELLA** *Linné ; Fries, epic. p. 10, p. p.*

HAB. Fréquent dans toute notre circonscription; régions alpine (nos ex. à
l'alt. max. de 1900 m. s. m.) et montagneuse, jusque près du littoral et dans la
plaine du Piémont. (Env. de Diano!``, Oneglia!`` et Nice!`; Vaugrenier, près
d'Antibes!!`, Cannes!!`; Cuneo!!``, etc.)   Lig.; V. V.!; B. A.; V. (Perr.).

β incanum *DC. fl. Fr. IV, p. 23 (ann. 1805) ; Nægeli sitz. ber.
Bayer. Akad. 1867, p. 466 ; H. Pilosella * velutinum Fries, symb. et
epic., p. 12 ; H. velutinum Hegetschw. fl. Schw. (ann. 1840).*

HAB. Vallée de Pesio!!``, vallon près de S. Bartolomeo ; ces ex. présentent
un passage entre notre type et β; quelques feuilles portent sur leur face sup.
des poils étoilés médiocrement nombreux, d'autres n'ont que la nervure méd.
sup. munie d'un duvet étoilé. — Nous avons vu cette var. β, très typique, des
vallées Vaudoises du Piémont.

γ **niveum** *Müll. argov.! in Christener Hierac. Schw., p. 1.*

HAB. Bergemolo!!**, vis-à-vis de Aizone, vallée de la Stura.　　　V. V.!

B. AURICULINA (stirps : H. Auricula *Linné*); Auriculina *et* Rosella
Fries, epic. p. 18 et 25.

3. **H. GLACIALE** *Reynier in Lachenal, emend. ad. Hall. hist. in
nova acta Helv. 1, ann. 1787 ; Fries, epic. p. 27.*

HAB. Très répandu dans toute la région alpine et subalpine; aucun de nos
ex. (de trente-deux stations) n'a été récolté au-dessous de 1400 m. s. m. — Cette
espèce croît parfois en société avec la suivante (par ex. Madone de Fenestre,
lac d'Entrecoulpes, etc.), et on les trouve quelquefois aussi mélangées dans les
herbiers.　　　V. V.!; B. A.!

Nos ex. montrent parfois des stolons assez développés, mais la présence de
poils étoilés sur les feuilles (au moins sur leurs bords) les distinguent facilement
de l'espèce suivante.

En dehors de notre circonscription, on a observé des formes intermédiaires
entre les H. glaciale et Auricula (conf. Nägeli, op. cit. p. 474 ; Arvet-Touvet
mon., p. 18.)

4. **H. AURICULA** *L.; Fries, epic. p. 19 ;* H. dubium *All.! non L.*

HAB. Assez répandu dans les régions mont. et alpine, sur les deux versants
de la grande chaîne. Nos ex., récoltés jusqu'à 1950 m. s. m. et pas au-dessous
d'env. 900 m. s. m., n'atteignent pas la zone des oliviers (conf. Ricca, cat. pl.
vasc. Diano et Cervo, in act. soc. Ital. XIII, 1870); cependant des éch. du musée
de Nice : pont du Suchet (env. 350 m.), entre Duranus et Lantosque!* donne-
raient une limite inférieure.　　　Lig. (Bert.); V. V.!; B. A.!

C. CYMELLA (stirps : H. cymosum *Linné*).

5. **H. FLORENTINUM** *All. fl. Ped. N° 775 (1785) ; Vill. voy. (1812) ;
Fries, epic. p. 29 ;* H. piloselloides *Vill. Dauph. (1789).*

HAB. Assez répandu dans la rég. mont. (surtout aux env. de Tende et de la
Briga), atteignant à peine la rég. alpine; dans le nord de notre circonscription
on le trouve jusque dans la plaine du Piémont; vers le littoral il descend parfois assez bas (par ex. entre Dolceaqua et Pigna!!**; entre Villars du Var et
Malaussène!!*). — Lig. (de Not. rep.); V. V.!; B. A. (ann. soc. Lyon, 6° ann.,
p. 165); V. (Hanry cat.)

Nous avons dans notre dition des formes bien caractérisées et faciles à distinguer de l'espèce suivante (conf. Gr. et Godr. fl. Fr. II, p. 351; Kirschl. fl. Als.,

éd. 1) mais aussi un assez grand nombre d'intermédiaires, sur plusieurs desquels il est très difficile de se prononcer.

6. H. PRAEALTUM *Vill. in Gochnat diss. (Argent. 1808); Vill. voy. ann. 1812; Fries, epic. p. 30.*

α **Villarsii** *Lind. Hier. exs. 104;* H. præaltum obscurum *Fries, epic.*

HAB. Région montagneuse, où il est assez fréquent; il descend çà et là près du littoral (Ceriana, env. de S. Remo!!**; vallon obscur, près Nice!*, etc.); nous ne l'avons pas récolté au-dessus de 1500 m.   Lig. (de Not.); V. V.!; B. A.; V.

β **Zizianum** *Fries l. c.;* H. Zizianum *Tausch, in Flora 1828.*

HAB. Aussi répandue que la var. *α*, mais elle atteint la région alpine inf. et nous n'avons vu aucun ex. de la région littorale. Nous parlons ici des formes typiques de *β*, car nous avons observé des variations douteuses, par ex. des stations suivantes : monts de Nava!**, entre Oneglia et Ormea (Gentile); vallée moyenne de l'Ellero!!**; Vaugrenier, près Antibes et env. de Nice!* (herb. Stire).

†† *γ* **Esterellense** *Nobis.* Feuilles munies sur les deux faces de poils sétiformes très longs, raides, extrêmement nombreux et dénuées gén. de poils étoilés; certaines feuilles, surtout les caulinaires, montrent parfois quelques-uns de ces derniers poils; pédoncules et involucres munis de poils longs non glanduliferes et de poils courts glanduliferes. — Cette variété est remarquable par l'indument de ses feuilles. Les capitules sont peu nombreux (quatre à sept). — Le *H. praealtum hispidissimum* Fries (*H. sarmentosum* Fröl. in DC. prod.; *H. auriculoides* Lang syll. fl. Hung.; exsic. soc. Dauph. N° 2527!; *Pilosella praealta* var. *hirsutissima* et *P. auriculoides*, de Schultz herb. norm. N° 93! et 287!) diffère de notre var. *γ* par la présence de stolons allongés, couchés, par ses feuilles munies de poils moins raides et gén. moins nombreux et ses capitules un peu plus petits. L'aire du *H. praealtum hispidissimum* est d'ailleurs assez éloignée de nos régions. — Le *H. macrotrichum* Boiss. diagn. pl. or., d'après les ex. que nous avons vus (Tmolus prope Philadelphiam, juin 1842, Boiss. leg.), est bien voisin de notre variété et n'en diffère que par ses poils plus mous, encore plus longs et ses pédoncules dénués de poils glanduliferes qui sont très rares sur les involucres.

HAB. L'Esterel!!*, près des sommités des Civières et du Marsaon.

Tous nos ex. des trois variétés ci-dessus sont dépourvus de stolons, dans notre circonscription.

7. H. CYMOSUM *Linné (sens. ampl.); Neilr. krit. zusammenstell. Hier., p. 19; H. cymosum et* H. Sabinum *Fries, epic. p. 36 et 37.*

α **Nestleri** *Neilr. l. c.;* H. Nestleri *Vill. voy.;* H. cymosum *L. (sens. stren.); Fries l. c.*

β **Sabinum** *Neilr. l. c.;* H. Sabinum *Seb. et Mauri; Fries l. c.*

β¹ H. Sabinum β rubellum *Koch, syn.;* H. multiflorum *Schleich. cat. et herb.!; Gaud. fl. Helv. et herb.!*

Les **H. Nestleri** et **Sabinum** sont très généralement considérés comme des types spécifiques distincts. En effet, dans la plupart des régions de l'Europe, même dans celles où l'aire de l'un d'eux empiète sur celle de l'autre (par ex. en Suisse et Dauphiné), on ne paraît pas avoir observé jusqu'ici d'intermédiaires douteux et il nous a toujours été facile de les distinguer. Il ne semble point en être ainsi en Autriche-Hongrie, d'après Neilreich. Dans notre dition nous avons rencontré un si grand nombre de variations inextricables entre les deux types qu'il nous est impossible de les séparer, même comme des variétés. D'après nos observations, il n'y a pas lieu de supposer que ces variations douteuses soient des hybrides, car nous les avons récoltées dans des stations où elles croissaient seules. Il ne nous a point été possible non plus d'assigner à celles des formes que nous avons çà et là pu rapporter, soit au **H. Nestleri**, soit au **H. Sabinum**, une préférence pour telle ou telle zone de notre circonscription.

Nous savons que la réunion de ces deux Hieracium ne sera pas facilement acceptée, bien que, nous le répétons, le résultat auquel nous sommes arrivés ne concerne que notre seule circonscription. On supposera peut-être que nous avons mal compris les caractères qui distinguent ces types, en dehors de nos régions; nous donnerons donc les diagnoses suivantes afin de marquer le point de départ qui nous a guidés dans l'appréciation des relations très étroites qui se manifestent entre les deux Hieracium dans les Alpes maritimes.

H. Nestleri : Poils les plus longs de la base de la tige ne dépassant pas son diamètre. Inflorescence toujours glanduleuse (dans nos ex.), plus fournie, plus ombelliforme. Fleurs toujours jaunes. Plante gén. plus robuste.

H. Sabinum : Poils de la partie inf. de la tige dépassant son diamètre. Inflorescence plus compacte, et si elle est lâche, moins ombelliforme, souvent (mais non toujours) glanduleuse. Folioles involucrales souvent plus foncées. Fleurs jaunes ou rouges. Plante moins robuste.

On trouvera dans le bull. soc. bot. Fr. 1882, p. 93 et suiv., des renseignements de MM. Lorel, Arvet-Touvet et Burnat sur ces deux plantes (voir encore dans le bulletin cité, p. 140 et suiv.).

HAB. **H. cymosum** α et β : Sommités du mont Galero!!**, extr. orient. des Alpes marit. — Vallée de la Corsaglia!** (herb. Lisa). — Mont Fronte!** (leg. Strafforello, sub : H. Sabinum!). — Alpes de Carnino!** (herb. Lisa). — Vallée de Pesio!!**, en plusieurs stations (herb. Thuret, sub : H. cymosum et Sabinum). — Alpes voisines de Tende!!**, de Limone!!** (H. Nestleri), de Pallanfre!!** (H. Nestleri) et d'Entraque!!** (H. Nestleri et Sabinum). — Environs des bains de Valdieri!!** (H. Sabinum). — Mont Ferion!* (herb. mus. Nic.). — L'Authion!* (herb. mus. Nic.). — Environs de S. Martin-Lantosque!!* (H. Sabinum et ex. douteux). — Versant nord du mont Cheiron!!* et près de Roquesteron!* (herb. mus. Nic.). — Près d'Ilonse!* (Marcilly in herb. mus. Nic.). — Mont Meunier!!*. — Vallon de Jallorgues!!*, près S. Dalmas-le-Sauvage. — Le Meridon!*, près S. Martin d'Entraunes (Reverchon sub : H. Nestleri!). — Col de la Maddalena!** (herb. Lisa). — Mont de la Chens (ou Lachen)!!*. — Près de la mine Madeleine, massif de l'Esterel!!*, à env. 300 m. s. m.

V. V.!; B. A., et V.!

HAB. **H. cymosum** β 1 : env. de Limone!** (herb. Reuter) et partie sup. du val S. Giovanni!!**. — Col de Pouriac, près Salza Morena!!*.   V. V.!

H. Laggeri *Fries!, epic. p. 27 ; non Jord., ex Fries, epic. p. 79 ;* H. Sabinum Laggeri *Schultz bip.! in Rchb. fil. ic. fl. Germ. XIX, p. 61 ;* H. glaciale Laggeri *Christener ! Hier. Schw. ;* Pilosella Laggeri *Schultz cich. supp. II, Nº 129!*

Nos ex. des Alpes marit. diffèrent de ceux que nous avons cueillis dans la localité classique (Eginenthal, en Valais) et de ceux que nous avons vus, récoltés par Lagger (Faulenhorn, im Eginenthal, in herb. Reuter), par leur port plus grêle, leurs tiges plus élevées et leurs capitules sensiblement plus petits. Les ex. de la Suisse sont très voisins du **H. glaciale**, mais ceux des Alpes marit. paraissent se rapprocher davantage du **H. cymosum.**

HAB. Monts de Nava!**, entre Ormea et Oneglia (Gentile). — Mont Mascaron!!**, du val Pesio. — Pâturages du mont Piernaude, près du col de Tende!** (Bourg. pl. alp. marit. Nº 162, sub : H. cymosum et in herb. Th. sub : H. glaciale). — Col de Garbella!!**, entre les vallées de Sabbione et Grande. — Mont Siruol!!*, près de S. Martin Lantosque. — Près S. Anne de Vinadio!!**. — Salza Morena!!*, près l'Enchastraye.   B. A. (op. cit.)

× † **H. auriculaeforme** *Fries, symb. p. 7;* H. Pilosella × Auricula.

HAB. Vallée de Pesio, en plusieurs stations!!** (herb. Th. sub : H. Schultesii F. Schultz).   V. V.!

× † **H. Faurei** *Arvet-Touvet, mon., p. 15;* H. Pilosella × glaciale.

HAB. Entre les parents, près de la Cima di Pian Bernardo!!**, Alpes de Garessio.   V. V.!

× † **H. subrubens** *Arvet-Touvet, mon., p. 16 (1873) et add., p. 3 (1879)*; H. Peleterianum × glaciale.

Nous n'avons pas vu d'ex. du **H. subrubens** de l'auteur qui n'a plus mentionné cette forme dans sa classification (1880). Nos **ex.** appartiennent certainement à une plante hybride que nous avons étudiée sur le vif, entre ses parents.
HAB. Vallon Pian del Creus, dans la vallée de Pesio sup.!!``.

× † **H. Nægelii** *Gremli ! exc. fl. Schw. ed. 4, p. 289*; Pilosella Nægelii *Schultz fr. in Flora*; H. Pilosella × Florentinum.

Nous n'avons pas vu d'ex. authentiques du **H. Nägelii**, de Schultz. Nos éch. appartiennent certainement à des formes hybrides observées entre leurs parents.
HAB. Vallon près de S. Bartolomeo de la vallée de Pesio!!``. — Cuneo!!``.
— Vallée inf. de la minière de Tende!!``, rive gauche géog.   V. V.!

× †† **H. fallacinum** *F. Schultz, arch. (1844)*; H. Pilosella × pracaltum.

HAB. Caussols!` (h. Th., leg. Goaty). — Bertoloni (fl. Ital. VIII, p. 460) dit de son **H. brachiatum** : « habui ex pascuis ad thermas Valderias, a Bertero » et de Notaris (rep., p. 200) signale la même forme (?) dans la Ligurie. La plante de Bertoloni est bien voisine de la nôtre (conf. Celak. prod. fl. Böhm., p. 787 et Gren. fl. Jur., p. 478). — Nous avons vu dans l'herbier de M. Rostan, des Alpes Cottiennes, des ex. que nous rapportons à la forme hybride **Pilosella** × **pracaltum**.

SOUS-GENRE II. — ARCHIERACIUM *Fries, epic. p. 42.*

SECTION A. — AURELLA
Fries l. c. (excl. 1 Alpina et 2 Amplexicaulia).

1. CERINTHOIDEA *Koch, syn. ed. 2. p. 520.*
* Stirps : H. Neo-Cerinthe *Fries, epic. p. 50* (Lanifera *Fries l. c.*)

8. **H. LAWSONII** *Vill. Dauph. III p. 118*; H. saxatile *Vill. l. c. (ann. 1789)* ; *Fries. epic. p. 51* ; *non Jacq. obs. (ann. 1767). sec. Neilr. krit. zusammenstell. Hier. p. 30.*

HAB. Au-dessus de S. Sauveur ` (herb. Stire, sec. Ardoino). — Rochers, entre Longon et Vignols!!`, massif du M. Meunier (Mounier). — Rochers, près de

Peona!!*, vall. sup. du Var. — Salza Morena!!*, aux sources de la Tinée (petite forme microcéphale).   V. V.!; B. A. (ann. soc. Lyon, 1878.)

** Stirps : H. cerinthoides *Linné, sec. Fries, epic. p. 56* (Cerinthoidea *Fries l. c., sed excl. H. valdepilosum*).

9. H. MORISIANUM *Rchb. fil. icon. fl. Germ. XIX p. 67, t. 1381; Fries, epic. p. 60; Ard. fl. alp. mar. p. 243.*

Ardoino rapporte ici, avec doute, le **H. cerinthoides** All. fl. Ped. N° 789. L'ex. que nous avons vu sous ce nom dans l'herb. d'Allioni est rongé, sans capitules et énigmatique.

HAB. Au-dessus de la mine de Tende!** (Rchb. fil. leg. 20 juill. 1843). — M. Reichenbach n'a trouvé que quatre ex.: il a envoyé l'un d'eux à Fries et a eu l'obligeance de nous en céder un autre. — Cette station de la vallée de la minière, près de Tende, a été rapportée à tort par Fries (l. c.) à la Savoie.

Dans l'herbier Reuter, dont notre ami M. Barbey a bien voulu nous communiquer pour étude tous les Hieracium, nous avons trouvé cinq éch. récoltés par Reuter « au mont Viso, en allant aux chalets de Ruine, 23 août 1852. » Ces éch. ont été déterminés par Fries : **H. villosum glabrum** ', mais Reuter les a, avec raison d'après nous, placés dans une enveloppe étiquetée : **H. Morisianum.** Ils ont des styles livides : or nous ne pouvons vérifier la couleur de ceux de notre ex. de Tende, mais M. Reichenbach donne des styles jaunes pour caractère aux espèces de la section du **Morisianum.** Un de ces éch. du Viso montre quelques rares poils glandulifères sur ses pédoncules et involucres, les autres en sont absolument dénués. Pour tout le reste il n'y a nulle différence entre notre ex. de M. Reichenbach et ceux de l'herbier Reuter, du Viso.

Dans une note, annexée à un des cinq ex. du **H. Morisianum** du Viso, Reuter dit qu'il soupçonne une confusion à propos du **H. Reuteri** Rchb. et ajoute : « c'est probablement ici la station citée à tort pour le **H. Reuteri.** » Ce dernier a été décrit pour la première fois par Reichenbach (ic. fl. Germ. XIX, p. 66, t. 137) et

---

' Le rapprochement du *H. Morisianum* (du Viso et de Tende) avec certaines formes du *H. villosum* nous semble assez motivé. Cependant dans le premier les tiges sont ramifiées bien plus bas, à rameaux plus allongés, un peu arqués-ascendants, la villosité générale de la plante est bien moins accusée. M. Reichenbach place son espèce dans la section *Cerinthoidea* avec « alveoli receptaculi serrati s. ciliati », tandis que le *H. villosum* a « alveoli glabri. » Nous ne pouvons vérifier ce caractère sur notre unique ex. Le *H. Morisianum* a toujours les ligules un peu poilues, tandis que le *H. villosum* les a très gén. glabres; cependant nous avons vu assez fréquemment, surtout dans le *H. villosum elongatum*, des ligules à dents poilues. Les akènes de nos ex. du *H. Morisianum* du Viso et de Tende sont d'un brun rougeâtre assez clair; s'ils sont bien mûrs il y aurait là une différence de quelque valeur avec le *H. villosum* qui les a d'un brun noirâtre ; on pourrait ajouter encore que dans le *H. villosum elongatum* les feuilles basilaires sont très souvent desséchées au moment de l'anthèse, ce qui ne paraît point être le cas dans le *H. Morisianum.* — En résumé, nous ne sommes pas arrivés à nous faire une idée nette de ce dernier Hieracium. Il faudrait le retrouver en exemplaires plus complets et l'étudier sur le vif.

indiqué en effet par lui « au pied du mont Viso, Reuter leg. fin août 1852. » Or l'herbier Reuter ne renferme aucun éch. sous le nom de **H. Reuteri**, mais nous avons trouvé, dans l'enveloppe du **H. Pseudo-Cerinthe** de ce même herbier, deux ex. d'un Hieracium sans nom « du pied de la cascade qui descend du chalet de Ruine, mont Viso, 23 août 1852; » ces ex. correspondent bien avec la description, p. 66 et la figure t. 137 de Reichenbach, sauf peut-être les mots « foliis basi sub-amplexicaulibus, » car leurs feuilles sont assez nettement embrassantes. Si c'est bien là le **H. Reuteri**, il est très voisin du **H. Pseudo-Cerinthe** et il n'en diffère guère que par des feuilles basilaires plus étroites et des ligules à dents moins poilues. Il existe d'ailleurs dans l'herbier Reuter (Alpes vaudoises de la Suisse, Anzeindaz, E. Thomas) des formes du **H. Pseudo-Cerinthe** absolument semblables à ces ex. de l'herb. Reuter que nous croyons être le **H. Reuteri** Rchb. — Fries (epic. p. 49) a rapporté le **H. Reuteri** au **H. pulmonarioides**, mais les éch. dont nous parlons ont les feuilles caulinaires bien plus nettement embrassantes que celles de ce dernier et les poils des feuilles tous glandulifères.

Ce même jour, 23 août 1852, Reuter paraît avoir fait une herborisation bien fructueuse, car il a mis la main, également au mont Viso, au-dessous des chalets de Ruine, sur les seuls ex. que l'on connaisse du **H. corruscans** Fries! epic., p. 60 (**H. spectabile** Fries! ms. in herb. Reuter). L'herbier Reuter en renferme deux éch., malheureusement coupés au-dessus de la souche, ce qui ne nous permet pas de constater si la plante est hypophyllopode, comme le dit Fries. C'est là une forme voisine du **H. Morisianum**, quoique bien distincte; sa tige est plus élevée (45 à 50 cm.), plus épaisse, à côtes bien plus saillantes, pourvue de poils beaucoup plus courts (ne dépassant pas notablement le diam. de la tige, comme dans le **H. Morisianum**), rameuse peu au-dessus de la base; ses feuilles inf. sont plus longuement atténuées en pétiole (il en existe deux, séparées de la tige, dans l'herb. Reuter), les caulinaires plus nombreuses (sept ou huit, au lieu de trois ou quatre), à base plus étroite, et ses capitules plus nombreux. Les poils sont un peu plus fortement denticulés que dans le **H. Morisianum** et les folioles involucrales moins aiguës que dans ce dernier qui les a parfois presque acuminées. Les styles sont très livides.

II. GLAUCA *Fries, epic. p. 66* (stirps : H. glaucum *Allioni*).

† 10. **H. CALYCINUM** *Arvet-Touv. !, supp. p. 6.*

HAB. Val Sabbione !!** (près d'Entraque) où il est assez rare; on le trouve dans le voisinage du pont del Soufflet (21 juill. 1876 et 5 août 1882), puis çà et là au bord du torrent dans la partie sup. de la vallée, avant d'arriver aux Gias de Plisiore (feuille ital. Tenda, au 50 mill.), le 7 août 1882.

M. Arvet-Touvet a bien voulu étudier nos ex. de 1876 et les a trouvés conformes à ceux qu'il a décrits, pour tous les points essentiels.

Le **H. calycinum** diffère du **H. glaucum** α par ses rameaux ascendants-dressés et non étalés ou divariqués, par ses folioles involucrales gén. moins obtuses, les intérieures étant atténuées-aiguës, munies de poils longs médiocrement nombreux (rares ou nuls dans le **H. glaucum** α et β) et surtout par ses akènes d'un brun jaunâtre pâle (non d'un brun rougeâtre foncé). — Nos ex. du **H. calycinum** des Alp. marit. ont des feuilles très étroites (les basilaires 5 à 10 mm. au plus), glabres ou munies de rares poils vers leur base; ils portent à peine quelques poils étoilés à la partie sup. des pédoncules; enfin leurs styles sont livides. Dans la plante du Dauphiné les feuilles sont souvent plus larges, un peu plus poilues, les pédoncules et involucres montrent des poils étoilés plus nombreux, et les styles sont d'un beau jaune. En général les ex. du Dauphiné sont moins élevés et à la fois moins grêles que ceux du val Sabbione.

† 11. **H. GLAUCUM** *All. auct. ad syn. meth. st. hort. Taur., ann. 1774; All. fl. Ped. N° 781, t. 28, f. 3, ann. 1785; Fries, epic. p. 68.*

Nous avons jusqu'ici observé dans nos Alpes trois formes de ce type qui s'y trouve peu répandu; son aire, ainsi que celle du stirps *H. glaucum* (N°s 10, 11, 12), parait restreinte à quelques vallées des environs de Limone et d'Entraque, entre 12 à 1600 m. s. m. environ.

α. — La figure citée d'Allioni peut à la rigueur s'appliquer à cette variété α qui a cependant des feuilles moins larges, plus dentées et des rameaux gén. bien plus étalés. La fig. du **H. saxatile**, de Reichenbach (ic. fl. Germ. XIX, t. 209) reproduit assez bien le port de notre plante, avec des rameaux divariqués, feuilles caulinaires étroites, etc.; mais cette planche se rapporte au **H. saxetanum** Fries, du Tyrol et de l'Autriche. — Le **H. glaucum** de la Suisse (dont nous séparons le **H. bupleuroides** Gmel.) est rare dans les Alpes helvétiques et disséminé seulement dans quelques stations des Grisons. Nos ex. de α des Alpes marit. ne diffèrent pas de cette forme du **H. glaucum** que nous ne savons d'ailleurs pas toujours distinguer du **H. saxetanum** de l'Autriche. Nous avons vu, par ex., sous le nom de **H. saxatile angustifolium** (Bänitz herb. Europ.) des éch. qui nous paraissent identiques à ceux de α. — Enfin cette forme α nous semble être la même que celle distribuée sous le N° 2155 par la société Dauphinoise, provenant du Dauphiné; nous l'avons reçue aussi de M. Rostan, des vallées Vaudoises du Piémont.

β **Limonense** Nobis. — Diffère de α par sa souche à collet toujours plus nettement velu, ses tiges ord. moins élevées (10 à 25 cm.), ses involucres canescents, munis de poils étoilés bien plus nombreux que dans α, ses styles jaunes (livides dans α) et surtout par ses akènes plus foncés et presque noirs. — Les feuilles montrent parfois des poils étoilés sur leurs bords et leur nervure médiane infér. (de même que dans les ex. N° 2155, soc. Dauph.)

γ **subglaucum** Nobis. — Diffère de α et de β par ses tiges gén. ramifiées vers leur sommet seulement, les capitules étant plus rapprochés, et lorsque la tige se divise dans sa partie inf., les rameaux sont moins étalés; par ses feuilles plus larges, souvent moins glauques, les caulinaires lancéolées ou oblongues-lancéolées (non gén. sublinéaires); par ses involucres plus grands, munis de poils longs aussi nombreux que dans le *H. calycinum* et toujours de quelques poils glanduleux. Les poils étoilés de l'involucre sont un peu plus nombreux que dans α, et les tiges plus élevées (25 à 50 cm.). Les styles sont livides et les akènes de même couleur que ceux de α.

Cette variété γ n'est pas sans rapports avec le **H. falcatum** Arvet-Touvet! mon. p. 22; exsicc. soc. Dauph. N° 1283!, mais ce dernier, qui a les rameaux presque dressés, porte des feuilles basilaires moins nombreuses, tandis que les caulinaires qui le sont davantage (cinq à sept, au lieu de trois à six), ont une base élargie-arrondie et même subembrassante. Dans nos sept ex. du **H. falcatum** les feuilles basilaires semblent être plus étroites que dans le **H. subglaucum**, mais elles sont desséchées ou détruites et la plante paraît aphyllopode ?, caractère dont son auteur ne parle pas. Dans le **H. subglaucum** les feuilles basilaires existent au contraire toujours à l'époque de la floraison.

HAB. α : Partie supérieure du val Sabbione, dans les env. d'Entraque!! ' '.

β **Limonense** : Partie inférieure du val S. Giovanni, près Limone!! ' '.

γ **subglaucum** : Vallon Erberg (carte ital. au 50 mm., feuille Cuneo), près de Pallanfre!! ' '.

Ces trois variétés sont abondantes dans les stations indiquées, vers la première semaine du mois d'août.

† 12. **H. DELASOIEI** *Lagger!* [1] *in herb. Reuter; De la Soie in bull. soc. Murith. fasc. I, p. 21 (sine descr.); Gremli exc. fl. Schw., éd. 4, p. 274 (1881); H. glaucopsis Fries. epic. p. 70, p. p. (e loco natali.)*

Cette forme diffère du type précédent par la villosité bien plus marquée de ses feuilles dont les poils sont plus nettement denticulés et même subplumeux (dans les Alp. marit.) et par ses involucres toujours munis de nombreux poils longs (sans poils glandulifères).

Le **H. Delasoiëi** tel que nous l'avons récolté en Valais (la Rappaz, près Sembrancher [2]) diffère des **H. glaucopsis** et **chloropsis** Gr. et Godr. auxquels Fries l'a réuni (sub : **H. glaucopsis**) par un port assez différent; des feuilles moins molles, moins larges; les basilaires sub-lancéolées, atténuées en un pétiole à peine dis-

---

[1] Dédié au chanoine De la Soie, curé de Bovernier en Valais. † 1877 (bull. soc. Murith. fasc. VII, p. 11).

[2] Nous avons aussi un ex. des Grisons! (Schneider leg.) et M. Christener (Hier. Schw., p. 12) l'a signalé dans le Tessin et au Simplon.

tinct, et les caulinaires moins développées; des pédoncules portant quelques
écailles vers leur sommet et des ligules toujours glabres, au moins vers le
sommet de leurs dents. Ce dernier caractère nous paraît peu important, car
dans nos ex. du Dauphiné (des **H. glaucopsis** et **chloropsis**) les dents des ligules
sont tantôt glabres, tantôt poilues. Fries a dit, il est vrai, de son **H. glaucopsis** :
« pedunculis haud squamosis, ligulis extus pilosis... ab omnibus vicinis tute dignoscitur, » mais ces deux caractères ne s'appliquent point à la plante du Valais — Quoi qu'il en soit, ces deux formes, du Valais (Delasoiëi) et du Dauphiné
(glaucopsis) sont bien voisines [1] et nous avons même vu dans l'herbier de Reuter
deux ex. qu'il tenait de Lagger, des Hautes Alpes (env. de Rabou, leg. Burle;
H. glaucopsis! sec. Gren. ips.), qui peuvent laisser quelques doutes, mais qui ne
nous paraissent pas différer du **H. Delasoiëi** du Valais.

Nos exemplaires des Alpes maritimes sont gén. plus élevés (20 à 40 cm.)
que ceux du Valais; ils ont des tiges très fermes, des feuilles à dents plus saillantes avec des poils plus fortement denticulés ou subplumeux, et leurs capitules sont plus gros (à peu près ceux du **H. glaucum** γ). — Ces éch. nombreux
(27) ont des rameaux étalés-ascendants partant souvent de la partie inf. de
la tige (comme dans le **H. glaucum** α). Enfin ils ont des involucres très canescents,
munis de nombreux poils étoilés, des ligules toujours glabres, des styles tantôt
jaunes, tantôt livides (sur le vif!) et des akènes d'un brun foncé.

En résumé, le **H. Delasoiëi** des Alp. marit. semble être plus voisin du **H. glaucum** que le **H. glaucopsis** auquel il tient cependant de près. Entre les deux premiers se placerait la forme **Delasoiëi** du Valais. On pourrait ajouter à ce petit
groupe le **H. arenicola** Godet ms. in herb. Reuter; Gremli exc. fl. Schw. éd. 4.

HAB. Près du roc Castellazzo, partie inf. du val S. Giovanni de Limone!! ' '.
— Vallon Erberg, extr. sup. de la vallée Grande!! ', près Vernante. — Partie
sup. de la vallée de Sabbione!! ' ', au bord du torrent.

III. VILLOSA *Fries. epic. p. 61, sed excl. H. glanduliferum*
et piliferum (stirps : H. villosum *Linné*).

† 13. **H. CHLORAEFOLIUM** *Arvet-Touvet! ess. p. 44 ; supp. p. 7 ;
exsicc. soc. Dauph. N° 1720! et bull.*

Nos ex. ne diffèrent de ceux de l'auteur que par un port plus luxuriant et
une inflorescence plus riche (parfois jusqu'à neuf capitules); par des feuilles
caulinaires un peu plus larges, parfois même ovales aiguës ou acuminées; cependant nous avons vu dans l'herb. Boissier des éch. du mont Viso (leg. Arvet-
Touv.) sous le nom de **H. chloraefolium** forma **latifolia** qui possèdent des feuilles
aussi larges que les nôtres. L'auteur attribue à sa plante des feuilles basilaires
souvent détruites à l'époque de la floraison, nous les avons vues telles en effet

---

[1] M. Christener nous a écrit autrefois que Grenier lui avait à plusieurs reprises déterminé des envois du *H. Delasoiël* comme appartenant à son *H. glaucopsis*.

dans plusieurs de ses éch., mais les nôtres en portent tous et souvent de très
nombreuses. Nous n'avons pas observé d'akènes mûrs (ils sont dans les ex. du
Dauphiné d'un brun rougeâtre). Les capitules de nos éch. étaient penchés avant
l'anthèse ; leurs styles étaient jaunes (sur le vif). — M. Arvet-Touvet (class. p. 5)
place le **H. chloraefolium** dans les **Glauca**, mais il nous semble bien voisin du
H. scorzoneraefolium, espèce intermédiaire entre les **Glauca** et les **Villosa** quoique
plus rapprochée de ces derniers.

HAB. Vallée moyenne de l'Ellero !! * *, au-dessous du mont Grosso, vers 1500 m.
s. m. env. ; à peine en fleur le 15 juill. 1880 (abondant).

14. H. SCORZONERAEFOLIUM *Vill. prosp. (ann. 1779); Fries, epic. p. 65.*

HAB. Alpes de Garessio !! * *, près de la Cima di Pian Bernardo. — Col de la
Piastra !! * *, entre les vall. de l'Ellero et de Pesio. — Vallée de Pesio !! * *, en
plusieurs stations (h. Th.). — Val S. Giovanni, près de Limone !! ' *. — Extr.
sup. de la vallée Grande !! ' *, au-dessus de Pallanfre. — Partie sup. du val Sabbione !! * *. — Mont Meunier !! ' *. — Vallon de Jallorgues !! ' *. — Col de Pouriac !! *.
— Environs d'Esteng !! *, aux sources du Var.

V. V.! (herb. Rostan); B. A. (op. cit.)

Nous n'avons pas rencontré encore dans notre dition de formes douteuses
entre les **H. scorzoneraefolium** et **glaucum**, mais plusieurs de nos ex. appartiennent
à une variation bien rapprochée du **H. villosum** β **elongatum** et qui diffère de ce
dernier par ses tiges raides, ses feuilles plus fermes, plus étroites et ses capitules plus grands.

† **H. Pamphilii** *Arvet-Touvet! mon. p. 23 ; exsicc. soc. Dauph.
N° 479!;* H. lanato × scorzoneraefolium *Arv.-Touv. l. c.*

Cette forme est relativement au **H. scorzoneraefolium** à peu près ce que le
H. eriophyllum est au **H. villosum** ; elle pourrait bien être une hybride des **H. scorzoneraefolium** avec le **H. tomentosum** ; nous ne l'avons rencontrée qu'une seule fois
dans une station où les parents supposés manquaient. — La plupart de nos ex.
de α ne diffèrent pas de ceux de M. Arvet-Touvet.

β **subtomentosum** *Nobis.* — Poils toujours franchement subplumeux
et même parfois nettement plumeux ; feuilles très velues sur les deux
faces (gén. glabrescentes en dessus dans α), les basilaires ord. plus
larges. Cette variation se rapproche beaucoup du *H. tomentosum*,
cependant ses poils sont un peu moins plumeux et surtout plus longs
qu'ils ne le sont gén. dans ce dernier (ceux de la tige dépassant parfois beaucoup son diamètre), ses feuilles caulinaires sont moins larges
et plus nombreuses (trois à six).

HAB. α. Extrémité supér. des vallées Grande !! * * et du Sabbione !! ' *, entre les parents, au commencement d'août. — En montant depuis la vallée Grande au col de l'Arpiolla!!** qui mène à Limone, défleuri le 2 août 1882.

HAB. β **subtomentosum** : Extr. sup. du val Sabbione!!**.

15. H. VILLOSUM *Jacq. Vindob. enum. (1762) ; Linné, sp. ed. 2 (1763) ; Fries, epic. p. 64.*

† † α **eriophyllum** *Fries l. c. ;* H. eriophyllum *Willd. hort. Berol., supp. p. 54 (ann. 1813), p. p. ; Willd. herb. N° 14 705, 5*[1]*; non Schleich. exsicc.*[2]*! ;* H. villoso-lanatum *Reuter! cat. hort. Genev. et herb.!*

Cette belle plante a bien, dans quelques-unes de ses variations, certains rapports avec le **H. tomentosum**, cependant on la confondra difficilement avec lui : ses poils, soyeux et étalés, laissent toujours apercevoir entre eux la couleur des feuilles, car ils sont gén. moins nombreux, plus longs et non entrelacés, crispés et feutrés ; ces poils sont denticulés ou subplumeux, à barbes dépassant peu le diamètre du poil, et non plumeux avec des barbes divariquées bien plus longues que ce diamètre ; les feuilles de la partie sup. de sa tige sont gén. moins réduites, ce qui fait paraitre les pédoncules moins allongés ; les folioles involucrales extér. sont plus larges que les intér., elles sont lâches et même étalées et les involucres sont ceux du **H. villosum** α ; tandis que dans le **H. tomentosum** les folioles involucrales, subconformes, sont appliquées. — Le **H. eriophyllum**, dans ses formes normales, diffère de la variété suivante du **H. villosum** par un abondant duvet soyeux très allongé, dont les poils sont subplumeux ; mais il est des variations intermédiaires bien douteuses et qui ne sont point très rares, tantôt à poils peu nombreux et fortement denticulés, tantôt à duvet soyeux abondant, avec des denticules très courts. — Nous ne croyons pas à une origine hybride (**villoso** × **tomentosum**) pour α ; c'est en effet une forme très répandue, qui se trouve parfois dans des stations où les parents manquent et qu'on ne rencontre pas toujours là où ces derniers sont très abondants ; de plus, sauf la conformation des poils, la var. α n'emprunte jamais au **H. tomentosum** l'un ou l'autre de ses caractères essentiels.

[1] Le musée de Berlin a bien voulu nous confier le *H. eriophyllum* de l'herbier de Willdenow. Il existe sous ce nom six feuilles portant chacune un ex., sans indication d'origine, sauf le N° 6 qui provient des Alpes de la Croatie. Le N° 5, que Fries rapporte au *H. villoso-lanatum* Reuter, possède des poils fortement denticulés mais à peine subplumeux. C'est là un spécimen peu typique et il est même un peu douteux qu'il appartienne bien à la forme des Alp. marit. — L'adoption du nom de Willdenow est d'autant plus discutable que sa description citée peut s'appliquer aussi bien au *H. villosum* qu'à notre *eriophyllum*. — Nous aurions préféré le nom de Reuter s'il n'avait pas l'inconvénient de rappeler une origine hybride qui est encore bien plus controversable.

[2] Dans les herbiers de Gaudin et de Schleicher on trouve sous le nom de *H. eriophyllum* des ex. appartenant au *H. villosum*, et sur deux d'entre eux une note de Schleicher qui porte : « *H. eriophyllum* Willd., comparé avec un éch. du jardin de Berlin. »

β. — H. villosum *Auct. plur.; Fries, epic. p. 64 (excl. var. a, b et c)*.

γ **elongatum** *Fries, epic. l. c.;* H. elongatum *Frœl. in DC. prod.; non Willd.; nec Lap.*

Nos ex. des Alp. marit. sont souvent assez différents de la var. β et paraissent plus répandus que cette dernière dans notre dition [1]. Ils sont en général moins élevés et cependant plus grêles que ceux de la Suisse; leurs feuilles basilaires sont parfois desséchées au moment de l'anthèse et leurs ligules montrent quelquefois des dents poilues. Ces deux derniers caractères les rapprochent du **H. valdepilosum**, mais ce Hieracium en diffère encore par ses feuilles caulinaires franchement cordées-embrassantes, celles inférieures étant un peu panduriformes, par ses pédoncules gén. glanduleux (églanduleux ou rarement un peu glanduleux dans γ) et ses akènes pâles ou d'un rouge clair (noirâtres dans γ).

? δ **dentatum**; H. dentatum *Hoppe, ap. Sturm Deutschl. Flora; Fries, epic. p. 62, p. p.* [2]

Ici nous rapportons avec doute quelques ex. de la station ci-dessous; ils diffèrent de γ, dont ils ont les folioles involucrales subconformes, par leurs feuilles glabrescentes en dessus (gén. velues dans γ), les basilaires atténuées en un pétiole plus distinct, les caulinaires moins nombreuses (deux ou trois), à base non élargie. — Ces éch. ressemblent d'ailleurs assez bien à d'autres de la Suisse (Grisons, leg. Mercier et Muret, in herb. Reuter, sub : **H. dentatum**), mais ils ont quelques poils étoilés sur la face inf. des feuilles qui sont moins nettement sinuées-dentées.

HAB. α : **eriophyllum** : Assez répandu dans la région alpine de la chaîne des Alpes, depuis celles de Garessio !!** , d'Ormea !** et de Casotto !!** jusqu'aux vallées du Sabbione !!** (d'Entraque) au nord de la chaîne et à celle de la Gordolasca !!** au sud. — Jusqu'ici nous ne l'avons vu d'aucune des parties de la chaîne située entre le col de la Madone de Fenestre et l'Enchastraye; notre seule station française est le col de Raus! (herb. Thuret).

HAB. var. β et γ : Assez répandues (surtout γ) dans la région alpine et centrale de toute la chaîne, depuis les Alpes de Garessio !!** jusqu'à l'Enchastraye !!* , s'élevant peu au-dessus de 2000 m. s. m. Nos ex. du versant nord de la grande chaîne ont été récoltés jusqu'à 1300 m.; ceux du versant sud pas au-dessous de 15 à 1600 m. Nous ne l'avons pas encore vu dans les montagnes au-dessus d'Oneglia et de San Remo ni aux monts Cheiron et Lachen; Ardoino a indiqué le mont Aiguille, près de Menton (cime : 1263 m. s. m.)

V. V.!; B. A. (op. cit.)

HAB. δ **dentatum** : Massif du mont Meunier (Mounier) !!* , sur le versant sud du col de la Valetta qui mène d'Isola à Vignols, à env. 2000 m. s. m.

---

[1] Les variétés α et β ont bien plus de rapports entre elles que celles β et γ.

[2] Le *H. dentatum c pusiolum* Fries l. c. est, d'après des ex. déterminés par l'auteur, le *H. Gaudini* Christener, et le *H. dentatum Salaevense macrophyllum* Fries l. c. est le *H. Gombense* Lagger (conf. Gremli, exc. fl. Schw. éd. 4).

IV. BARBATA *Nobis* (stirps : H. glanduliferum *Hoppe*).

†† 16. **H. PILIFERUM** *Hoppe, bot. Taschenb. 1799; Fries,
epic. p. 62, p. p.* [1]

β **ramiferum** *Gremli! exc. fl. Schw. ed. 4, p. 272;* H. alpinum var.
multiflorum *Schleich. herb. !*

HAB. Région alpine, fort rare; α : col de Tende!** (herb. Reuter, ann. 1843!;
herb. Lisa!). — Vallon de Longon et Margheria di Bora, près le mont Meunier!!*.

V. V.!; B. A. (op. cit.)

HAB. β **ramiferum** : Près des bains de Valdieri!! **.

† 17. **H. SUBNIVALE** *Gr. et Godr. fl. Fr. II, p. 356; Fries, epic.
p. 26 ; soc. Dauph. exsicc. N° 1289 et 1289 bis !*

α. — Plante monocéphale, à tige plus ou moins glanduleuse; feuilles
entières; folioles involucrales intér. aiguës; akènes bruns rougeâtres.

β **anadenum** *Nobis.* Plante gén. moins velue dans toutes ses
parties, sauf la base des feuilles; tige portant parfois deux et même
trois capitules, dénuée de poils glandulifères; feuilles souvent munies
de chaque côté d'une ou deux dents parfois très saillantes; folioles
involucrales moins aiguës ou sub-obtuses; akènes d'un brun jaunâtre assez pâle. — Nos ex. gén. moins élevés (8 à 12 cm.) que ceux
de α, paraissent avoir la tige plus raide et les feuilles encore plus
fermes (très glauques et grisâtres, souvent lavées de rouge).

Fries décrit le **H. subnivale** comme dénué de glandes sur la tige, mais Gren. et
Godr. (l. c.) le disent glanduleux, à juste titre, car tous nos ex. des Hautes Alpes,
de la Savoie et des vallées Vaudoises piém. portent des glandes gén. nombreuses. — Nos ex. des Alp. marit. de α et de β ont des styles jaunes ! (sur le vif)
mais Gr. et Godr. les disent bruns et ils sont tels dans nos éch. de la France.

HAB. α : Alpes de Garessio, près la Cima di Pian Bernardo!!*, vers
1800 m. s. m. — Alpe Rascaira!!**, au pied nord du mont Montgioie, vers
2100 m. s. m. --La Rascaira!** (herb. Strafforello). — Vallon de Bellino!!**, à
l'ouest du mont Montgioie (carte ital. nouv. au 50 mm., feuille Frabosa), entre
18 et 1900 m. s. m. — Dans toutes ces stations la plante est fort rare (en un à
trois ex.)   Alpes du val Maira (Arcang. comp. It.); V. V.!; B. A. (op. cit.)

[1] Fries a rapporté à tort au *H. piliferum* le *H. pilosum subnudum* Fröl. = *H. subnudum* Schleich. exsicc. et herb. ! qui est le *H. Gaudini* Christener !, espèce bien distincte
et intermédiaire entre les *H. dentatum* et *piliferum*, mais plus rapprochée du premier.

HAB. β **anadenum** : Extrémité sup. du val de Sabbione!!**, en une station seulement, très abondant sur des pelouses rocheuses, vers 1800 m. s. m.

Des ex. assez incomplets que nous a envoyés M. Rostan, des vallées Vaudoises piém., paraissent appartenir à un état intermédiaire (?) entre α et β.

18. H. GLANDULIFERUM *Hoppe, in Sturm Deutschl. Fl. ; Fries, epic. p. 61 ; Bourg. pl. Alp. marit. exsicc. N° 161 p. p.* [1]

HAB. Assez répandu sur les sommités de la chaîne principale des Alpes marit. depuis le pic d'Ormea!!** et le mont Fronte** (Gennari cent. pl. lig. in act Taur., t. 14, p. 263), jusqu'au col de Pouriac!*, près l'Enchastraye (herb. Lisa) et la haute vallée du Var!!*. Massif du mont Meunier!!*. — Nos ex. (de 24 stations) récoltés entre 1900 et 2800 m. env. Dans l'herb. Lisa des échantillons sont annotés « minière de Tende, » env. 1600 m. ?

┼┼ 19. H. ARMERIOIDES *Arvet-Touvet ! ess. p. 48 (ann. 1871) ; exsicc. soc. Dauph. N° 468 ! ;* H. muroro × glanduliferum *Arv.-Touv. mon., p. 27 (1873) ;* H. Murithianum *Favre ! in bull. soc. Murith. fasc. II, p. 69 (ann. 1873).*

Il est voisin du précédent, mais ne peut être confondu avec lui; nous ne le croyons nullement hybride! En 1872, nous l'avons récolté pour la première fois au col de la Perla et l'avons toujours considéré depuis lors comme une forme bien distincte. — Les ligules sont décrites comme étant gén. froissées-avortées et surmontées par les styles livides (Arv.-Touv. l. c.), caractères qui se vérifient bien dans les ex. de l'auteur et ceux que nous avons récoltés en Suisse. Nos éch. des Alp. marit. ont les ligules tantôt enroulées, tantôt bien développées et les styles jaunes! parfois un peu livides. Des spécimens luxuriants (qui ont parfois jusqu'à sept capitules sur une tige) de certaines stations ont des feuilles plus larges, plus nettement dentées et à pétiole plus distinct que dans la plante qui croît en dehors de notre dition; ces feuilles rappellent celles du H. vulgatum. Les feuilles, dit l'auteur cité, « perdent leur couleur verte sur le sec, » ce qui est le cas souvent pour certains de nos ex., mais d'autres la conservent parfaitement. Cette couleur, pour ceux annotés sur le vif, est d'un vert clair, à peine glauque, caractère qui paraît assez variable, car dans nos ex. du Saint-Bernard (Suisse), la plante est très glauque, presque blanchâtre (conf. Favre in bull. soc. Murith., fasc. X, p. 23). Les akènes sont noirâtres dans tous les ex. des Alp. marit. qui en portent de mûrs, mais ceux du Dauphiné les ont d'un fauve pâle et en Suisse nous les avons observés tantôt très foncés et noirâtres, tantôt très pâles; c'est là un fait assez singulier, car gén. la couleur des akènes mûrs offre un bon caractère.

HAB. Région alpine des parties orientale et centrale de la chaîne principale des Alp. marit.; nos ex. récoltés entre 1800 et 2600 m. s. m. env. (sauf ceux de

---

[1] Nous avons quatre ex. de ce numéro; trois appartiennent au *H. glanduliferum* et un au *II. armerioides* Arv.-Touv.

Valdieri : 1450 m. env.), dans les stations suivantes : Alpes de Garessio, près la Cima di Pian Bernardo !!⁺⁺. — Col del Pizzo, au nord du pic d'Ormea !!⁺⁺. — Extrém. sup. de la vallée de l'Ellero !!⁺⁺. — Vallon del Pian del Creus du val Pesio, et entre la chartreuse de Pesio et Limone!!⁺⁺. — Entre le col de Tende et le col de la Perla !!⁺⁺. — Pâturages du M. Bissa (?), près le col de Tende !⁺⁺ (Bourg. pl. Alp. marit. exsicc., un ex. mêlé au H. glanduliferum). — Col de Tende !⁺⁺ (Vetter leg.; et herb. Lisa). — Entre le val de Sabbione et le col del Vej del Bouc!!⁺⁺. — Vallon Balma di Ghilie!!⁺⁺, près Valdieri-les-bains. — Valdieri-les-bains !!⁺⁺, chemin de la Valletta. — Extrém. sup. du val Castiglione!!⁺⁺, près d'Isola.   V. V.! (Rostan).

SECTION B. — ALPINA (Sect. Aurella, subsect. Alpina
Fries, epic. p. 42). — Stirps : H. alpinum *Linné*.

✝✝ 20. H. ALPINUM *Linné ; Fries, epic. l. c.*

Cette espèce est extrêmement rare dans nos Alpes, bien qu'on l'y ait parfois signalée, par suite probablement d'une confusion qui a été souvent faite entre elle et nos Nᵒˢ 16 ou 18 (par ex. par Gaudin et Bertoloni). De Notaris (rep. fl. Lig. p. 261), l'indique au mont Fronte et dans les Alpes de Tende et d'Albenga; il cite la figure d'Allioni t. 14, fig. 2, qui ne se rapporte pas au vrai **H. alpinum** mais probablement au **glanduliferum** [1], cependant il attribue à sa plante des ligules poilues, caractère qui appartient à la première de ces espèces. — Fries décrit le **H. alpinum** à tiges, pédoncules et involucres jamais glanduleux; or tout ce que nous avons vu de ce type, même de la Scandinavie, porte des poils glandulifères. Il paraît cependant y avoir des exceptions; nous avons trouvé un ex. du Tyrol églanduleux; voir aussi Rehmann (Oestr. bot. zeitschr. 1873, p. 183) et Fick (Fl. Schles., p. 267), qui ont observé des formes dénuées de glandes.

HAB. Alpes d'Ormea !⁺⁺ (herb. Lisa; Gentile, 1881, in herb. Burnat). — Col de l'Abisso, près le col de Tende !!⁺⁺, 6 août 1872.

SECTION C. — ALPESTRIA (Sect. Pulmonarea,
subsect. Alpestria *Fries, epic. p. 102, excl. H. porrectum*).

21. H. JURANUM *Fries* [2] *symb. (1848) et epic. p. 104; non Rapin guide bot. vaud. éd. 1 (1842)* [3]; H. Jurassicum *Griseb. comm. (1852);*

---

[1] Dans l'herbier d'Allioni on trouve sous le nom d'*alpinum* les *H. glanduliferum, piliferum, alpinum, scorzoneraefolium* et un *Taraxacum !* — Des confusions de ce genre ne sont pas très rares dans cette collection ; on nous excusera dès lors d'avoir rarement pu donner la synonymie d'Allioni.

[2] D'après des ex. déterminés par Fries dans l'herb. Reuter (des Alpes voisines de la Madone de Fenestre) et aussi d'après divers éch. provenant de la Suisse et vus par Fries (herb. Reut.).

[3] Le nom de Rapin s'applique au *H. Vogesiacum* Moug. in Fries symb. (1848), et d'après Rapin (guide, éd. 2, ann. 1862) le *H. decipiens* Monn. essai (1829) serait aussi son

H. prenanthoides II Juranum et III cydoniaefolium *Gaud.!* [1] *fl. Helv.* V
(1829).

Tel que nous le comprenons, ce type est composé de diverses formes intermédiaires entre les **H. prenanthoides** et **vulgatum**, généralement plus rapprochées du premier, quoique parfois assez difficiles à distinguer du second, au moins sur le sec. — Nous rapportons ici, comme variétés intéressantes, le **H. subalpinum** Arvet-Touvet! supp. p. 23, que nous avons dans notre dition, ainsi que le **H. Valderium** Reuter! ms. in herb. Ce dernier est rapproché par M. Arvet-Touvet de son **H. doronicifolium** (bull. soc. Dauph. 1875 et exsicc. N°s 470 et 470 *bis!*) qui est pour nous une autre forme du type **Juranum**, mais assez distincte de nos nombreux ex. du **Valderium**. Ce **H. Valderium** a été annoté par Fries dans l'herbier de Reuter : « **H. denticulatum** Sm. ex. Griseb., at vix ab **H. prenanth.** distinctum » ; il nous paraît cependant bien distinct du **H. prenanthoides** par ses feuilles irrégulièrement dentées ou incisées-dentées, peu réticulées-veinées en dessous ; par la présence fréquente de feuilles basilaires, les caulinaires moins nombreuses, non ou à peine panduriformes ; enfin par ses akènes très gén. bruns ou d'un brun rougeâtre.

HAB. Assez répandu dans la région alpine inf. de toute la chaîne (dépassant peu 1800 m.), et dans la région montagneuse rapprochée des Alpes d'où nous avons des ex. récoltés vers 1000 m. et même un peu au-dessous (par ex. au val Pesio!!´, vallée de la Stura!!´´, et au-dessus de la Bollène!´, etc.). — La forme **H. Valderium** : aux env. des bains de Valdieri!!´´, où croît aussi le type ; entre S. Martin de Lantosque et la Madone de Fenestre!´ et ´´ (herb. Reuter). — La forme **H. subalpinum** : mont Galero!!´´ et env. de la Chartreuse de Pesio!!´´ ; dans ces deux stations le type se rencontre aussi.

V. V.! ; B. A. (op. cit.)

SECTION D. — PRENANTHOIDEA (stirps : H. prenanthoides).

22. H. PRENANTHOIDES *Vill. Dauph.; Fries, epic. p. 119
(excl. var. perfoliatum)* [2] *; H. spicatum All. fl. Ped., t. 27. f. 3 et herb.
p. p. max.* [3]

H. Juranum. Mais suivant Fries (epic. p. 58), Monnier aurait confondu sous le nom de *decipiens* les *H. cerinthoides* et *Vogesiacum.* Il y a là une question de synonymie qui reste à débrouiller avant de pouvoir appliquer aux *H. Vogesiacum* et *Juranum* les dénominations qui leur appartiennent réellement. — Sous le nom de *H. Juranum* nous réunissons les formes des Alpes à celles du Jura (M. Freyn, in Flora 1881, p. 211, les sépare).

[1] D'après les ex. de l'herbier de Gaudin.

[2] Il faut exclure encore divers synonymes cités par Fries, par ex. *H. cydoniaefolium* Schleich. qui est le *H. Juranum!*, puis la forme à feuilles glanduleuses du Dauphiné.

[3] Les ex. du *H. spicatum* de l'herb. Allioni se rapportent en partie aussi au *H. strictum* Fries, que représente assez bien la fig. 1 de la pl. 27 du Flora Ped. attribuée par Allioni

Cette espèce, quoique assez variable, est gén. facile à reconnaître et nous en possédons les formes les plus typiques, mais nous avons observé dans plusieurs stations des variations douteuses entre les **H. prenanthoides** et **Valesiacum** qui exigent des études ultérieures. Leurs feuilles non ou à peine panduriformes sont gén. plus ou moins dentées. Ces formes diffèrent du second par leurs feuilles très réticulées-veinées en dessous et leurs akènes pâles; des ex. sans fruits sont parfois difficiles à rapporter à l'un plutôt qu'à l'autre type. Les feuilles paraissent être moins minces que dans le **H. prenanthoides**, la tige parfois plus velue, les pédoncules plus raides et les capitules souvent plus grands.

HAB. Assez répandu dans la région alpine inf. et celle montagneuse rapprochée des Alpes, sur les deux versants de la grande chaîne; nos ex. récoltés jusqu'à la limite inf. d'env. 1000 m. s. m. — Les formes douteuses entre les **H. prenanthoides** et **Valesiacum** : Vallée de l'Ellero, pentes du monte Grosso!!˙˙; partie sup. de la vallée de Pesio!!˙˙; vallon S. Giovanni, près Limone!!˙˙; entre Valdieri-bains et V.-ville!!˙˙. Lig. (Bert.); V. V.!; B. A. (op. cit.)

† † H. valdepilosum *Vill. Dauph.; Fries, epic. p. 60.*

Nos ex. appartiennent tous à des variations peu différentes les unes des autres, intermédiaires entre les **H. prenanthoides** et **villosum** (voir Nº 15, var. γ) et peut-être hybrides ?; nous n'avons pas encore observé certaines formes (par ex. du Dauphiné, de la Savoie et du Tyrol) que nous avons en herbier ou qui se trouvent dans l'herbier de Reuter, qui sont parfois extrêmement rapprochées de l'un ou de l'autre des deux types et qu'on a souvent réunies au **H. valdepilosum**.

HAB. Prairies, versant nord du mont Galero!!˙˙, région alpine. — Chartreuse de Pesio!˙˙ (h. Th., sans nom). — Bords du chemin entre San Grates (Sangrato) et la vacherie de Viridier (?), vallée de la Gordolasca!˙˙ (Canut leg., in h. Th., sans nom). — Pâturages élevés du mont Siruol!!˙, près de Venanson. — Pâturages de Colmiane, près S. Martin-Lantosque!˙ (h. Th., sous le nom de H. picroides Vill., mêlé avec un ex. de H. villosum). — Esteng!˙, aux sources du Var (h. Th.). — Entre Esteng et le lac d'Allos!!˙. V. V.!

† † 23. H. VALESIACUM *Fries! epic. p. 122; soc. Dauph. exsicc.* Nº 2531 *et* 3384*!;* H. bifrons *Arvet-Touvet! mon. p. 46; soc. Dauph. exsicc.* Nº 1982*!;* H. pseudoboreale *P. et Song. in Ces. Car. et Savi exsicc. il.* Nº 529*!;* H. Sabaudum *γ β Gaud. fl. Helv. et herb.!*

HAB. Vallées de la Corsaglia, près Bozzea (Fontane)!!˙˙, de Frabosa!˙˙ (herb.

---

au *H. spicatum*. Ce *H. strictum* est indiqué par Ardoino (fl. Alp. marit., p. 244) dans les Alpes marit., près de S. Martin-Lantosque et dans la vallée de la Gordolasca ; cette dernière citation est reproduite par M. Arcangeli (comp. fl. Ital., p. 445). Cette espèce n'a point été trouvée encore dans notre dition; aucun ex. de l'herbier Thuret ne s'y rapporte et ce nom ne se trouve même pas dans cette collection. Ardoino donne comme synonyme : *H. cotoneifolium* Fröl.; or un ex. sous ce dernier nom, provenant de la haute vallée du Var (leg. Bornet, in herb. Th.), appartient au *H. villosum γ elongatum*.

Lisa) et de Pesio!!** (en plusieurs stations entre 700 et 1100 m. env.). — Environs de Limone!!**. — Vallée de la minière de Tende!** (en plusieurs stations : herb. Reuter, sans nom ou sous celui de H. Sabaudum). — Valdieri-les-bains et sur la route de V.-ville!!**. — Entre Bergemolo et Aizone!!**, vallée de la Stura. — Env. de S. Martin-Lantosque!*(herb. Th., sub : H. boreale var. Friesii Schultz). — Toutes ces stations se trouvent entre 700 et 1500 m.   V. V.!

SECTION E. — PICROIDEA *Arvet-Touvet classif. p. 12*
(stirps : H. ochroleucum *Schleicher*).

† †· 24. **H. RAMOSISSIMUM** *Schleicher ! in herb. Hegetschweiler ; Hegetschw. beitræge zu krit. aufzæhl. Schw. pflz., p. 360 (ann. 1831); Hegetschw. fl. Schw., p. 785 (ann. 1840);* H. picroides ramosissimum *Fræl. in DC. prod. VII, p. 210 (excl. syn. Gaud.);* H. Crissolense *Boiss. et Reut. ! in herb. Reuter ! et in Fries epic., p. 120 (ann. 1862);* H. prenanthoides* perfoliatum *Fries ! epic., p. 120; non Fræl.?*[1]; H. lactucaefolium *Arvet-Touvet ! mon. p. 44 (ann. 1873);* H. amplexicauli × prenanthoides *Arv.-Touv. mon. l. c.*

Dans une note de Reuter ajoutée au **H. Crissolense**[2] on trouve une bonne description qui montre qu'en rapprochant, comme Frölich, cette plante du **H. picroides**, il avait mieux compris ses affinités que ne l'a fait Fries. — Dans l'herbier de Schleicher nous n'avons pas trouvé cette espèce, mais elle existe dans l'herbier de Gaudin sous les noms de **H. Sabaudum?** β **hybridum** et de **H. prenanthoides ! multiflorum** α **foliis dentatis.** Ces deux variétés de l'auteur du Flora Helvetica appartiennent à notre var. α, et exactement encore à l'ex. que nous avons vu dans l'herbier d'Hegetschweiler[3].

Nos ex. des Alp. marit. se rapportent aux variétés suivantes :

α **Schleicheri** *Nobis;* H. lactucaefolium 2 H. Helveticum *Arv.-Touv.! spicil. p. 33 (non* H. Helveticum *Suter fl. Helv. ed. 1, ann. 1802);* H. lactucaefolium *Arv.-Touv.; Wolf in exsicc. soc. Dauph.* N° 853 bis!

[1] Christener (Hier. Schw., p. 22) a distribué sous le nom de *H. perfoliatum* Fröl. une plante très voisine du *H. prenanthoides* (conf. Gremli exc. fl. Schw., éd. 4, p. 286) et différente du *H. ramosissimum.*

[2] Ce *H. Crissolense* constitue pour nous une variété différente de celles α et β qui suivent. — M. Arvet-Touvet a signalé une cinquième variété qu'il nomme *typica* (conf. Arv.-Touv. spicil., p. 33) qu'il a bien voulu nous communiquer et que nous avons reçue également de M. Reverchon, du mont Ventoux, tantôt sous le nom de *H. lactucaefolium,* tantôt sous celui du *H. lanceolatum* Vill.

[3] Les espèces de cette collection qui nous intéressaient nous ont été confiées par le musée de Zurich.

β **conringiæfolium**; H. lactucæfolium 3 H. conringiæfolium *Arv.-Touv.! spicil. l. c.*; H. lactucæfolium *Arv.-Touv.! exsicc. soc. Dauph. Nᵒ 853!*

γ **Pesianum** *Nobis.*

Cette variété diffère de celles α et β par ses akènes d'un brun jaunâtre pâle et non d'un brun plus ou moins rougeâtre assez foncé; ses aigrettes sont un peu roussâtres (blanchâtres dans α et β). — Elle se sépare du *H. ochroleucum* par son inflorescence gén. bien plus riche, ses rameaux plus étalés, parfois divariqués, ses fleurs d'un jaune vif, ses styles jaunes ou à peine livides et surtout par ses involucres pâles (non noirâtres).

HAB. α **Schleicheri.** Entre Fontane et Corsaglia!!˙˙, vallée de la Corsaglia, 23 août 1882. — Mont Galero!!˙˙, versant oriental, 21 juill. 1880; ex. un peu douteux, à peine en fleur.

β **conringiæfolium.** Vallée de Pesio!!˙˙, près les Gias Serpentera, avec la var. γ, 15 août 1882. — Entrée du val S. Giovanni, près de Limone!!˙˙, 3 août 1882. — Vallée de la minière de Tende!!˙˙, peu avant l'embranchement qui mène au val Casterino, 8 août 1874.

γ **Pesianum.** Chartreuse de Pesio!˙˙ (h. Th., sub: H. picroides Vill., 18 juill. 1862). — Vallée de Pesio!!˙˙, près les Gias Serpentera. — Val S. Giovanni, près Limone!!˙˙, 3 août 1882, dans une autre station que β.

Nous possédons le H. **ramosissimum** des Basses Alpes et l'avons vu dans l'herb. de M. Rostan, des vallées Vaudoises du Piémont[1].

✝✝ 25. H. **VISCOSUM** *Arvet-Touvet! supp. p. 26 (1870); spicil. p. 34;* H. lactucæfolium forma hypophyllopoda *Arv.-Touv.! in exsicc. soc. Dauph. Nᵒ 1726 (ann. 1878).*

Nos ex. des Alp. marit. ne diffèrent pas de ceux du Dauphiné. — Cette espèce(?), ainsi que l'a fait remarquer son auteur, montre à la fois des affinités avec le H. **ramosissimum** de la section **Picroidea** et avec la section des **Amplexicaulia.** — La var. α du H. **ramosissimum** manifeste aussi des relations avec ces derniers; M. Arvet-Touvet l'avait nommée autrefois H. **amplexicauli** ✕ **prenanthoides**; nous avons trouvé dans l'herbier de Gaudin des ex. de cette même var. α annotés par M. J. Ball, « peut-être est-ce ici une bonne espèce entre les H. **amplexicaule** et H. **prenanthoides.** »

---

[1] A une époque où nous ne distinguions pas les diverses variétés du *H. ramosissimum* nous avons noté, d'après l'herbier Lisa, que ce type croissait : dans les prés de la vallée de Limone, puis dans les haies de la vallée de Vinadio, au lieu dit la Barricade (ces derniers ex. sous le nom de *H. prenanthoides*, mêlés à un éch. énigmatique, mais étranger au *ramosissimum*).

HAB. Près de la chartreuse de Pesio!!**, 18 juill. 1880, à peine en fleur. — Le Serre, sur S. Martin d'Entraunes!*, 21 août 1875 (Reverchon misit sub : H. Pseudo-Cerinthe Koch?). — Annot*, bois de Vergons (Reverchon misit sub : H. Pseudo-Cerinthe Koch); station très douteuse, car M. Reverchon a distribué un grand nombre de plantes du Dauphiné sous la mention : Annot, avec une date et souvent aussi une indication précise de la station.

Le **H. viscosum** a été mentionné dans les Basses Alpes par M. Arvet-Touvet (l. c.).

26. H. OCHROLEUCUM *Schleicher cat. 1821 et herb!; soc. Dauph. exsicc. N° 175 bis!; H. picroides Gaud. fl. Helv. et herb.!; Gr. et Godr. fl. Fr.; non Vill.; H. cydoniæfolium Fries, epic. p. 118; an Vill.?; non : Koch, Griseb., Rchb. fil., Froel., etc.*

Nos ex. des Alp. marit. concordent bien avec ceux de l'herbier Schleicher, du Valais (à poils des feuilles tous glandulifères).

HAB. Très rare. Partie sup. d'un vallon à gauche du Pesio, près de S. Bartolomeo!!*, 12 juill. 1880. — Annot, mont Canyé (Coyer)*: Reverchon exsicc. sub: H. albidum Vill., in herb. Barbey. Cette dernière station est bien douteuse! (conf. N° 25); nous n'avons d'ailleurs pas reçu cette plante dans l'envoi d'env. 1300 espèces que M. Reverchon nous a adressées comme provenant des env. d'Annot. — M. G.-H. Reichenbach (ic. fl. Germ. XIX, p. 70) indique le **H. ochroleucum** Schleich. : Bagni di Valdieri-inter et Valdieri Rchb. fil.! Reuter! La figure citée se rapporte mieux au **H. ramosissimum**, espèce longtemps méconnue; la description s'applique peut-être à la fois au **H. ochroleucum** et à ce dernier, sauf les mots « caule superne patenti ramoso, achenia rufa » qui iraient mieux au **ramosissimum**. Quant aux stations citées par M. Reichenbach (l. c.), celle du Valais (Fouly) appartient bien au **H. ochroleucum**, mais celle des Cévennes ne peut guère convenir qu'au **ramosissimum**, d'après ce que nous connaissons de l'aire des deux espèces. — Dans les environs de Valdieri nous n'avons jamais rencontré l'**H. ochroleucum**, mais quelques ex. d'une forme que nous avons rapportée au **ramosissimum** et que nous n'avons osé citer plus haut parce qu'elle nous inspire encore quelques doutes.

SECTION F. — INTYBACEA *Koch syn. éd. 2, p. 527*
(stirps : H. intybaceum *Wulf.*)

27. H. LANTOSCANUM *Nobis; H. intybaceum Ard.! fl. Alp. mar., p. 244; H. albidum Bourg. pl. Alp. marit. exsicc. 1861, sans numéro, in herb. Thuret.*

Nous séparons ici une espèce de second ordre dérivée du type **intybaceum** Wulf.; elle est peut-être spéciale à nos régions et paraît s'y substituer complitement au type. Reuter l'avait envoyée à Fries, des environs de S. Martin-Lantosque (Madone de Fenestre) d'où Allioni (auct. p. 13) et Bertoloni (fl. It. VIII, p. 493) l'ont aussi reçue. Fries annota les ex. de Reuter : « H. valde singulare sed ab H. intybaceo vix diversum; » ils en diffèrent cependant par une série de caractères que de nombreuses observations nous ont permis d'étudier.

La souche porte plusieurs tiges de 20 à 60 cm. Les ex. de petite taille ont très gén. des feuilles qui sont plus larges, moins longues et moins dentées que celles du *H. intybaceum*. Dans les spécimens élevés les feuilles basilaires sont desséchées ou manquent à l'époque de la floraison, les caulinaires deviennent très nombreuses (jusqu'à douze) et souvent fort larges (les moyennes jusqu'à 25 à 30 mm. sur 120 à 130 mm. long.), avec une base très élargie et plus ou moins embrassante; dans ces grands ex. les capitules se montrent très nombreux (douze à quatorze sur une tige). Les pédoncules et involucres portent des poils étoilés très nombreux. Les écailles qui sont à la base du capitule sont bien plus courtes que les autres et peu nombreuses. Les fleurs sont d'un jaune assez vif, les ligules ont les dents plus ou moins poilues et les styles sont jaunes, très rarement livides.

Le *H. intybaceum*[1] a gén. des tiges solitaires, de 10 à 25 cm. de haut. et presque toujours munies de feuilles basilaires à la floraison. Les feuilles sont gén. plus étroites et plus allongées, nettement et souvent profondément dentées. Les capitules sont au nombre de un à six. Les pédoncules et involucres portent des poils étoilés peu nombreux et parfois ils en sont dénués (surtout les involucres). Les écailles subfoliacées ou bractées qui sont à la base des capitules sont plus pâles, plus nombreuses et plus longues que dans le *H. Lantoscanum*, elles égalent ou dépassent même parfois les involucres. Les fleurs sont d'un jaune très pâle, les ligules toujours glabres et les styles gén. livides (pas toujours!).

Le *H. Lantoscanum*, dans ses formes élevées, a un port très différent de celui du *H. intybaceum* et qui rappelle beaucoup celui des *H. ochroleucum* et *picroides* vers lesquels notre espèce montre certainement des affinités. Néanmoins dans l'herbier les ex. réduits ne sont pas toujours faciles à distinguer de l'*intybaceum* et ce n'est parfois qu'en présence de spécimens nombreux et complets que les caractères indiqués se manifestent complètement.

Lorsqu'elle ressemble le plus par son port au *H. ochroleucum*, notre

[1] Parfaitement représenté dans Cusin et Ansberque, herb. fl. Fr. XIV, fig. 627.

plante a les feuilles ord. plus nettement dentées, moins embrassantes, non réticulées-veinées en dessous et jamais subpanduriformes, les pédoncules moins étalés, les fleurs d'un jaune plus vif, les styles gén. jaunes et les akènes d'un brun foncé (non pâles).

Le *H. picroides*[1] Vill.; non Gr. et Godr. est encore plus voisin de certaines variations de notre *H. Lantoscanum;* il en diffère surtout par ses feuilles munies de poils non glanduliferes, mêlés aux glanduleux, ses involucres gén. très noirâtres et ses styles toujours livides. Le *H. picroides* est partout fort rare et paraît avoir une origine hybride[2]. Nous avons reçu du Valais (Grimsel), un *H. picroides*, récolté par M. Favrat qui le croit hybride des *H. intybaceum* et *H. ochroleucum* var. *piliferum* Gremli, et qui ressemble parfois tellement au *H. Lantoscanum* que nous ne savons l'en distinguer sur le sec.

HAB. Extr. sup. de la vallée de Pesio!!**, vallon de Sestrera, sur le chemin qui mène au col del Pas. — Partie sup. du val Sabbione!!**. — Vallée de la Gordolasca, au-dessus de San Grato!** (Canut, in h. Th., sub : H. albidum). — Vallon du Cavallé, près S. Martin-Lantosque!* (h. Th., sub : H. albidum, stigmat. luteis). — Près de la Madone de Fenestre!!** (herb. Allioni! Reuter! Thuret! Burnat!). — Près de Valdieri-les-bains!!**. — Col de Bravaria!!**, près de S. Anne de Vinadio. — Esteng, vallon de Sanguinière!* (Reverchon.) — Les trois ex. de ces deux dernières stations ont des styles livides, une taille moins élevée, etc., et celui de la seconde surtout est un peu douteux pour nous.

Nous avons vu le H. intybaceum des vallées Vaudoises du Piémont, récolté par M. Rostan, sous sa forme la plus typique; il n'est pas signalé dans les Basses Alpes (op. cit.).

SECTION G. — AMPLEXICAULIA *Fries, epic. p. 48*
(stirps : H. amplexicaule *Linné*).

† † 28. **H. PSEUDO-CERINTHE** *Koch syn.; Fries, epic. p. 50; Rchb. fil. ic. fl. Germ. XIX t. 136;* H. amplexicaule : Pseudo-Cerinthe *Gaud. fl. Helv. et herb.!*

[1] La fig. de Villars (voy. p. 22, pl. 1) est mauvaise; celle de Rchb. ic. XIX, t. 149, représente bien le *H. picroides* que nous avons reçu du Tyrol, forme assez différente de celle de la Suisse.

[2] Il est probable que sous le nom de *picroides* on a désigné plusieurs formes hétérogènes, peut-être les unes intermédiaires et les autres hybrides avec des parents sur lesquels on n'est pas d'accord (conf. Villars, voy. p. 22; Fries, epic. p. 118: Focke pflanzenmischl., p. 220; Brügger pflanzenbast. N° 254, p. 114; Uechtritz in Oestr. bot. zeitschr. 1872, p. 191 et 1873, p. 354). — Plusieurs de nos amis de la Suisse, en voyant dans notre

HAB. Entre Sospel et Molinetto!!', 25 juin 1879. — Esteng!', près les sources du Var, 12 juill. 1864 (h. Th., sub : H. amplexicaule).

Cette espèce est signalée dans plusieurs stations des Basses Alpes (op. cit.); M. Rostan ne la possède pas dans son herbier des Alpes Cottiennes!

29. H. AMPLEXICAULE *Linné; Fries, epic. p. 49.*

β **ambigens** *Nobis*. Tiges gén. plus élevées que dans le type (30 à 60 cm. et plus); feuilles basilaires desséchées ou nulles au moment de l'anthèse, les caulinaires plus nombreuses (souvent huit, jusqu'à douze). — Les feuilles (vertes) ont des nervures nettement plus anastomosées qu'elles ne le sont très gén. dans α; elles sont entières ou superficiellement dentées; les rameaux sont assez étalés, les styles jaunes, rarement un peu livides (sur le vif, dans nos ex.), les réceptacles moins fortement fibrilleux que dans α. Les akènes sont d'un brun noirâtre ou rougeâtre foncé, comme dans le type le plus répandu. — La floraison de β nous paraît plus tardive que celle du type; de plus, nous n'avons jusqu'ici rencontré β que dans les pelouses rocailleuses ou dans les glariers, tandis que α préfère gén. les rochers et les vieux murs.

Par son port et plusieurs de ses caractères (hypophyllopode, à tiges élevées, très feuillées, feuilles à nervures anastomosées, réceptacle peu fibrilleux) cette forme se rapproche du *H. ramosissimum α Schleicheri;* elle n'en diffère guère qu'en ce qu'elle n'est pas absolument aphyllopode, qu'elle a les involucres d'un vert foncé et des folioles involucrales moins obtuses. D'un autre côté nous avons observé quelques variations du *H. amplexicaule* qui laissent dans le doute entre α et β et dans les stations où nous n'avons rencontré que β, certains spécimens, pris isolément et en dehors des nombreux matériaux que nous possédons, pourraient à la rigueur être pris pour la forme la plus répandue de l'*amplexicaule.*

Le *H. viscosum* (N° 25) qui est aussi intermédiaire entre les *Amplexicaulia* et les *Picroidea* possède un port différent, des feuilles assez nettement panduriformes, à nervures distinctement réticulées-veinées, à oreillettes plus développées et une inflorescence gén. moins riche et plus courte.

HAB. **H. amplexicaule** α : Assez répandu dans les régions alpine et montagneuse de toute la chaîne; nos ex. récoltés entre 700 et 2000 m., sur les deux

collection certains spécimens de notre *H. Lantoscanum*, les ont rapportés sans hésiter au *H. picroides* en soupçonnant notre plante d'être une hybride, soupçon qui n'a assurément rien de fondé pour quiconque l'a étudiée sur le vif dans différentes stations !

versants de la chaîne. Ardoino le mentionne sur les montagnes au nord de Menton et M. Hanry dans l'Esterel; nous ne l'avons pas vu de ces stations mais bien des env. de l'Escarène, de la Bollène, des monts Cheiron et de Lachen (ou de la Chens). — Dans les annales de la soc. bot. Lyon (1878, p. 473) on attribue à cette espèce une préférence marquée pour le calcaire, ce que nous admettons volontiers, mais nous l'avons récoltée plusieurs fois sur roches primitives, par ex. à la Madone de Fenestre, et aux bains de Valdieri.

Lig. (Bert.); V. V.!; B. A. (op. cit.); V. (Hanry cat.).

β **ambigens.** Vallée moyenne de l'Ellero!!**, en deux stations. 22 et 23 août 1882. — Bergemolo!!**, entre Vinadio et Valdieri-ville, par la montagne, 27 juill. 1882.

30. H. PULMONARIOIDES *Vill. Dauph. III, p. 133; Fries, epic. p. 49 (excl. H. Reuteri, conf. p. 8 N° 9); H. amplexicaule var. pulmonarioides Griseb. comm.; Schultz cich. exsicc. II N° 134!; Ces., Car. et Savi exsicc. pl. It. N° 528!*

Très voisin du précédent et parfois relié à lui par des variations bien douteuses. Les caractères indiqués par Fries ne sont pas constants, ainsi que Christener l'a bien observé en Suisse (Hier. Schw., p. 7) et que Villars l'avait autrefois soupçonné. Nous donnons la description suivante dans le but de permettre la comparaison entre les **H. pulmonarioides** et **Pedemontanum.** Ce dernier est d'ailleurs plus éloigné de l'**amplexicaule** que le premier.

Feuilles vertes, rarement un peu glaucescentes (sauf dans la var. *Valesiacum* Reut.; non Fries), à poils denticulés mêlés aux glanduleux; involucres portant outre les poils glanduleux quelques poils longs non glandulifères toujours peu nombreux; ces derniers manquent parfois; styles gén. livides.

Dans nos ex. des Alpes marit. les akènes sont d'un brun jaunâtre pâle, mais dans les quelques spécimens où ce caractère peut être vérifié, en dehors de notre dition (ex. de Suisse, Savoie et vallées Vaudoises du Piémont), nous trouvons toujours les akènes d'un brun rougeâtre foncé. Ce caractère est d'ailleurs le seul par lequel nos ex. du *H. pulmonarioides* des Alp. marit. diffèrent de ceux d'autres régions.

HAB. Vallées de l'Ellero!!**, de Pesio!!**, de S. Giovanni, près Limone!!**. — Partie sup. du Valmasca!**, près du Clapier (Lacaita leg.). — Extr. sup. du val Sabbione!!**, près d'Entraque. — Env. de Valdieri-les-bains!!**. — Venanson, près de S. Martin-Lantosque!* (herb. Reuter, mêlé au H. amplexicaule). — En descendant (sic) de la Madone de Fenestre!* (Reut. leg. 1852).

V. V.!; B. A. (op. cit.).

† † 31. **H. PEDEMONTANUM** *Nobis;* H. amplexicaule *Bourg.! pl. Alp. marit. exsicc., sine N° ; non aliorum.*

Port du précédent, mais : feuilles un peu plus épaisses, glaucescentes ou grisâtres, à poils fortement denticulés ou subplumeux, à poils glandulifères moins nombreux et qu'il faut parfois chercher sur les feuilles supérieures avec soin ; involucres munis de poils longs non glandulifères, nombreux (mêlés aux glanduleux): styles toujours jaunes ; akènes d'un brun rougeâtre foncé.

La souche a le collet très laineux ; la tige (15 à 30 cm. au plus) n'est jamais aussi élevée et à feuilles sup. aussi développées qu'elle l'est souvent dans le précédent.

Cette sous-espèce qui a l'indument des **Andryaloidea** est bien voisine sans doute des **H. amplexicaule** et **pulmonarioides**, mais elle est, dans nos régions au moins, bien mieux caractérisée et plus facile à reconnaître que la seconde. Nous serions tentés de réunir le **H. pulmonarioides** à l'**amplexicaule** pour en séparer le **Pedemontanum**, mais cette question demande à être encore examinée.

Le **H. pulmonarioides glaucescens** Gremli! exc. fl. Schw. éd. 4, p. 276 (**H. Valesiacum** Reut.! herb., non Fries) a aussi des feuilles glaucescentes, mais elles sont glabres ou glabrescentes en dessus, à poils moins fortement denticulés, non subplumeux et ses involucres portent des poils longs rares.

Le **H. Reichenbachii** Verlot cat. Gren. 1879, avec lequel Reuter avait confondu dans son herbier notre **H. Pedemontanum**, porte comme ce dernier des poils longs, non glanduleux et nombreux (mêlés aux glandulifères) sur ses involucres, avec des styles jaunes, mais il a des feuilles vertes à poils denticulés non subplumeux, des feuilles caulinaires inf. plus larges (Fries l'avait rapporté au **H. amplexicaule**), des capitules qui paraissent bien plus grands et d'un jaune plus foncé (?).

H.AB. Pic d'Ormea! ˙ ˙ (Strafforello leg., in herb. Burn.). — Entre Ponia rocca et Mendatica, mont Fronte!! ˙˙. — Rochers près de Carlin ou Carnino! ˙ ˙ (herb. Lisa). — Env. de la Briga!! ˙˙ et de S. Dalmas de Tende!! ˙˙, en plusieurs stations. — Près de Tende!! ˙˙ et sur la route du col de T. !! ˙˙ (Boiss. leg. 1832, in herb. Reuter, sine nom.; herb. Th.; herb. Reuter, sub : H. Ligusticum; Bourg. pl. Alp. marit. exsicc. 1861; herb. Burn.). — Env. de S. Martin-Lantosque!! ˙ (herb. Reuter, sub : H. Ligusticum; herb. Burn.) — Vallon de Libaré, près S. Martin-Lantosque! ˙ (h. Th., sub: H. amplexicaule). — Vallon de la Madone de Fenestre!! ˙, près le poste des douaniers.

† † **II. Ligusticum** *Fries! symb. et epic. p. 48; non Reuter cat. Genev. et herb.!; nec Rchb. fil. ic. fl. Germ.;* H. amplexicaule ç aureum *Gaud. fl. Helv. et herb. !*

Cette forme est très critique et encore peu élucidée. Nous ne la connaissons,

bien authentique, que de la Suisse, de Lourtier, en Valais, station classique [1]
(conf. Fries l. c.) d'où M. Wolf nous l'a envoyée : nous l'avons vue aussi de la
même localité dans l'herbier de Gaudin sous le nom de **H. amplexicaule ζ aureum.**
Ces éch. du Valais (**forma vegetior** Fries), que nous avons comparés avec beaucoup de soin à une série d'autres récoltés au mont Meunier des Alp. marit.,
n'en diffèrent pas. Dans les deux plantes les akènes sont d'un brun noirâtre
foncé et les styles jaunes. La face sup. des feuilles est glabre ou glabrescente
dans les ex. des Alp. marit. ; dans ceux de la Suisse elle est tantôt assez velue
(Christener l. c.) tantôt presque glabrescente (dans nos éch.). La couleur des
fleurs paraît varier aussi, car Christener les dit « **gelb, nicht goldgelb,** » tandis
que Fries écrit « **floribus aureis.** » — Christener, à la suite d'une excursion qu'il
avait faite à Lourtier, nous écrivait vers 1870 qu'il était très disposé à réunir
absolument les **H. pulmonarioides** et **Ligusticum** de la Suisse, opinion vers laquelle
il inclinait d'ailleurs déjà en 1863 (Hier. Schw. l. c.). — Il reste néanmoins entre
les **H. pulmonarioides** et **Ligusticum** les différences suivantes : le second a des
feuilles caulinaires très étroites (peu nombreuses), les sup. très réduites, des rameaux un peu plus allongés et certainement moins étalés, des involucres munis
de poils longs assez nombreux, et des styles jaunes. Et si nous comparons dans
les Alp. marit. nos nombreux ex. du **H. pulmonarioides** pour les distinguer de
ceux du **H. Ligusticum** du mont Meunier, nous pouvons ajouter que le second a
un port assez différent, des feuilles presque absolument glabres en dessus et des
akènes foncés. — Nous ne parvenons pas à saisir le caractère signalé par Fries :
« **capitulis fuliginoso-nigricantibus** » pour le **H. Ligusticum** ; la couleur des poils de
l'involucre, qui est la même dans le Valais et au mont Meunier, varie d'ailleurs
un peu dans tous nos ex. du **H. pulmonarioides.**

Quel est précisément le **Hieracium** de la Ligurie que Fries et Reichenbach
fils ont vu ? Celui étudié par Fries est identifié par lui avec le **H. amplexicaule
aureum** de Gaudin, du Valais, tandis qu'il séparait la plante des environs de
Genève (prise à tort par Reuter pour le **H. Ligusticum**) pour la réunir à l'**amplexicaule,** sous le nom de **amplexicaule opimum.** — Quant au **Hieracium** que M. Reichenbach a vu (éch. de Notaris), il a cru devoir le réunir absolument avec
l'**amplexicaule opimum.** — Il y a là une question qui reste très obscure, mais il
serait possible que les ex. de la Ligurie appartinssent au **H. Pedemontanum** ; dans

---

[1] Dans l'herbier Reuter on trouve : 1° une enveloppe portant le nom de *H. Ligusticum*
de la main de Reuter ; elle renferme cinq ex. du *H. Pedemontanum* du col de Tende et
de S. Martin-Lantosque ; 2° une enveloppe sans nom à l'extérieur, avec de nombreux ex.
de diverses stations des environs de Genève (du Salève et du fort de l'Écluse), appartenant
tous au *H. Reichenbachii* Verlot cat. graines Jard. Grenoble 1873, p. 11 = *H. Ligusticum*
Rchb. ic. ; Reut. cat. Genev. ; non Fries = *H. amplexicaule opimum* Fries epic.

Christener (Hier. Schw., p. 8) a indiqué le *H. Ligusticum* à Lourtier, en Valais, puis
dans le canton de Berne, d'où nous ne l'avons pas vu.

Nous ne pouvons nous prononcer sur un ex. que M. Arvet-Touvet nous a envoyé du
Dauphiné (gorges du Nant, près S. Marcellin), sous le nom de *H. Ligusticum* var. *foliis
cordatis,* sans akènes mûrs ; il ne s'identifie bien avec aucune des formes voisines : *H. pulmonarioides, Pedemontanum* et *Ligusticum* ; nous serions disposés cependant à y voir
une simple variation du premier.

ce cas la dénomination de **Ligusticum** ne pourrait plus s'appliquer qu'à la forme du Valais dont le nom devrait être changé?

HAB. Près de Vignols, sur le versant sud du mont Meunier!!' (ou Mounier), 4 août 1876 (16 ex.).

SECTION II. — RUPICOLA *Gr. et Godr. fl. Fr.;* Andryaloidea

B indumento glanduloso *Fries, epic. p. 81* (stirps : H. humile *Jacq.*).

†† 32. **H. HUMILE** *Jacq.! (e spec. auct. in herb. All.) hort. Vindob. (ann. 1776); H. Jacquini Vill. fl. Delph. in Gilib. syst. (1785) sec. Neilr. krit. zusammenst. Hier. ; Vill. fl. Dauph. III (1789).*

Cette espèce, généralement facile à distinguer, paraît être assez rare dans nos régions : les Viozennes!'' (Strafforello leg., ann. 1868, un ex. mêlé à d'autres appartenant au H. rupestre). — Extr. sup. du val S. Giovanni, près de Limone!!'', deux ex. le 15 juill. 1876. — Fentes des rochers, au lieu dit la Barricade, vallée de Vinadio!'' (herb. Lisa). — Annot' (Reverchon), station douteuse[1]. — Cluse de S. Auban!!', 23 juill. 1877; forme à feuilles glaucescentes et presque glabres en dessus.

V. V.!; B. A. (op. cit.); V.! (près Aiguines, leg. Albert, in herb. Burn.); ces derniers ex. ressemblent à ceux de S. Auban.

† 33. **H. BORNETI** *Nobis*[2].

Nos deux espèces de la section *Rupicola* sont faciles à reconnaître car elles possèdent des feuilles munies de poils glandulifères mêlés à d'autres non glanduleux, en même temps que des corolles à ligules glabres. Le *H. Borneti* diffère surtout du *H. humile* par les poils nettement subplumeux de ses feuilles (non plus ou moins faiblement denticulés). Son port est très différent; sa tige est moins élevée (5 à 10 cm.), plus grêle, moins rameuse et moins feuillée; ses feuilles plus velues sont un peu grisâtres et parfois légèrement glaucescentes, subentières ou munies vers leur base de quelques dents peu profondes, jamais inci-

---

[1] Nous avons reçu de ce collecteur cinq ex. étiquetés : Annot, les rochers, 14 juin 1874. Ces ex. représentent deux formes assez différentes du *H. humile.* Nous avons déjà mentionné ailleurs le fait que M. Reverchon a distribué un grand nombre de plantes du Dauphiné et de la Provence comme provenant d'Annot.

[2] Cette forme nouvelle est la plus intéressante de celles que nous avons rencontrées jusqu'ici dans les Alp. marit.; je suis heureux de rappeler à cette occasion le nom d'un savant éminent et d'un ami qui a si bien mérité de la Flore des Alp. marit.; c'est à lui que je dois de pouvoir utiliser les précieux matériaux de l'herbier qu'il a formé autrefois à Antibes avec M. Thuret. E. B.

sées-dentées ou subpinnatifides comme celles du *H. humile*; les basilaires sont plus obtuses que dans ce dernier, relativement plus larges et moins longuement pétiolées; les caulinaires sont subentières, toujours sessiles, au nombre de deux, la sup. étant très réduite et bractéiforme; parfois la tige paraît aphylle, la feuille caulinaire inf. étant très rapprochée des basilaires et la sup. réduite à une écaille; ses capitules sont moins grands que ceux de l'espèce précédente, avec des folioles involucrales souvent très atténuées-aiguës au sommet.

La tige est tantôt simple et monocéphale, tantôt munie d'un et bien rarement de deux rameaux arqués-ascendants et monocéphales qui partent gén. de la moitié inf. de la tige. Les involucres ont le même indument et la même couleur que ceux du *II. humile*; les styles sont jaunes; les akènes de 2,7 mm. long., d'un brun presque noirâtre; les bords des alvéoles du réceptacle médiocrement dentés-fibrilleux. — Description faite sur vingt et un échantillons.

Le **H. Kochianum** Jord.! de la sect. **Andryaloidea**, qui a été parfois soupçonné d'être un hybride des **H. andryaloides** et **humile**, a le port du dernier : comparé au nôtre, il a des feuilles plus velues, à poils munis de barbes plus longues; les feuilles sont dénuées de poils glandulifères; ses involucres velus-laineux portent des poils étoilés mêlés aux autres, etc.

Le **H. scapigerum** Boiss.! est plus voisin de notre plante, mais il porte sur ses feuilles, pédoncules et involucres des poils glandulifères bien plus nombreux; ses poils non glanduleux sont aussi plumeux que ceux du **H. Kochianum**; ses feuilles basilaires sont oblongues, insensiblement atténuées vers leur base en pétiole non distinct et non ovales ou ovales-oblongues, brusquement contractées en pétiole; ses akènes sont clairs, etc.

HAB. Rochers, rocailles et pelouses rocheuses, dans la partie moyenne du val S. Giovanni, près de Limone!!*', abondant, presque défleuri le 3 août 1882. Le **H. humile** manquait dans cette station.

SECTION J. — ANDRYALOIDEA *Monnier; Koch syn.;*
Andryaloidea A indumento eglanduloso *Fries, epic. p. 74.*

1 Stirps : H. rupestre *Allioni.*

34. H. RUPESTRE *All. auct. et herb.!; Fries, epic. p. 81 (excl. H. Sartorianum Boiss.!); non Gaud.! (= H. Trachselianum Christener!); nec Koch.*

HAB. Peu répandu. Les Viozennes (Viozene)!** (Stratforello leg., in herb.

Burn.). — Lupega** (Upega) 1843, Rchb. fil. ic. fl. Germ., p. 89. — Vallon de
Riofredo, près Tende!!ˑˑ (forme à tige munie souvent de 2 ou 3 feuilles et de 1
à 4 capitules; involucres portant des poils non glandulifères plus nombreux). —
Rochers exposés au midi. près d'Entraque!!ˑˑ (All. l. c.; Bert. fl. It.; herb. Burn.).
— Près de Vignols, au pied du mont Meunier!!ˑ. — Au-dessous de S. Auban
(Loret, in Ard. fl. Alp. marit.). — Rochers près d'Esteng!!*, aux sources du Var.
V. V.!; B. A. (Loret in bull. soc. bot. Fr. VI, p. 387).

† † II. **Tendæ** *Nobis.*

*Feuilles inf. oblongues, plus ou moins allongées, presque tronquées
ou très peu atténuées vers leur base, à pétiole distinct,* profondément
sinuées ou incisées-dentées, *les caulinaires gén. au nombre de deux,
dont l'inf. est semblable aux basilaires et pétiolée,* la sup. réduite et
bractéiforme. *Poils des feuilles plus nettement plumeux* que dans le
précédent, *entrelacés et crépus* comme dans le H. tomentosum, mais
moins abondants que dans ce dernier. *Tige plus élevée* que dans le
H. rupestre (30 à 35 cm.), *ramifiée* tantôt vers son tiers sup., tantôt
vers sa base, en deux à quatre rameaux monocéphales, à capitules longuement pédonculés; tige portant à sa partie sup. des poils étoilés peu
nombreux qui manquent ord. au-dessous de la ramification, *sans poils
glandulifères. Involucres un peu renflés, à folioles atténuées-aiguës*
(plus que dans le Nⁿ 34), *portant de nombreux poils allongés et crépus-
laineux.* Akènes d'un brun foncé.

Nous aurions pris ce Hieracium pour un hybride des **H. rupestre** et **tomentosum,**
n'étaient-ce les feuilles basilaires qui sont celles de certains **H. murorum**; il est
dans tous les cas très voisin du **H. rupestre** auquel le relient nos ex. du val Riofredo
de Tende; notre description permettra de l'en distinguer par les caractères soulignés. Il est bien rapproché aussi du **H. pictum** (des Alp. marit.) dont il a les
feuilles basilaires pétiolées et les pédoncules dénués de poils glandulifères; mais
le **H. Tendæ** diffère de ce dernier par sa tige bien plus élevée, presque dénuée de poils
étoilés dans sa partie inf., ses feuilles non maculées, la caulinaire inf. bien développée et toujours pétiolée et ses capitules plus grands. — C'est là une forme
qui exige encore une étude. Faut-il la considérer comme forme intermédiaire,
comme une variation à rattacher soit au **pictum** soit au **rupestre**, ou encore a-t-elle
une origine hybride?. --Les éch. que nous avons vus de la Suisse et du Dauphiné
sous les noms de **H. lanatellum** Arv.-Touv.!, de **H. murorum** ✕ **tomentosum** et **pictum** ✕ **tomentosum** sont tous assez différents de notre plante.

HAB. Vallée du Riofredo, près de Tende!!ˑˑ, 1ᵉʳ juill. 1879, six ex.

† † 35. **H. PICTUM** *Schleicher herb.!; Pers. syn. (ann. 1807); Fries, epic. p. 80;* H. andryaloides γ pictum *Koch syn.;* H. murorum I vulgatum γ pictum *Gaud. fl. Helv. et herb.! p. p.*

Nos ex. des Alp. marit. appartiennent à la variété **H. farinulentum** Jord.!; ils diffèrent du vrai **H. pictum** de la Suisse (Valais et Vaud) par leurs tiges munies de poils étoilés nombreux et par l'absence de poils glandulifères sur les pédoncules; dans la plante de Schleicher les tiges ne montrent dans leur partie inf. qu'un duvet étoilé rare, parfois presque nul. et toujours des glandes à leur partie supérieure.

HAB. Bois de Rezzo!**, prov. de Port Maurice (Gentile leg.), ex. un peu douteux. — Entre Tende et Nice, août 1852!* (herb. Reuter, sub : H. pictum), variation plus élevée (25 cm. au lieu de 10 à 20), à poils un peu plus raides et moins plumeux. — Rochers de la vallée de Tende, 19 juill. 1861!** (Bourg. pl. Alp. marit. exsicc. 1861, sans numéro, étiquette manuscrite : H. murorum var.). — Sommités, versant sud du mont de la Chens!!*, sur les limites du dép. du Var, dix ex. très typiques, 18 juill. 1877.

V. V.! (herb. Burn., Rostan leg.); ces ex. appartiennent au **H. farinulentum** Jord.; dans une note manuscrite de son herbier, M. Rostan dit qu'on trouve de nombreux intermédiaires entre les **H. pictum (farinulentum)** et **murorum**, ce que nous n'avons pas observé.

2 Stirps : H. tomentosum Allioni.

36. **H. TOMENTOSUM** [1] *All. fl. Ped. N° 791 (1785) et herb.; Fries, epic. p. 78;* H. lanatum *Vill. fl. Delph., in Gilib. syst. plant. (1785) et fl. Dauph. (1789) ; non* W. K.

HAB. L'une de nos espèces les plus répandues dans les régions alpine et montagneuse de toute notre circonscription; cependant nous ne l'avons pas observée jusqu'ici dans le massif de terrains primitifs qui se trouve au centre de la chaîne entre le Clapier et la haute vallée de la Tinée (nous n'affirmons du reste nullement que l'espèce ne s'y trouve pas). Nos ex. récoltés jusqu'à au moins 2000 m. alt. max. et jusque vers 600 m. env., sur les deux versants des Alpes [2]. Nous ne l'avons pas vue de la région littorale (12 kil. du rivage de la mer et une alt. max. de 800 m.; conf. Ard. fl., p. VI). Ardoino la mentionne exclusivement dans la région montagneuse jusque près de Menton et Nice; de Notaris seulement : « in

---

[1] Le nom de *H. tomentosum* n'est peut-être pas le plus ancien, car Gérard auquel on l'attribue (fl. Gall. Prov., p. 168, ann. 1761) n'employait pas la nomenclature binaire. Mais le nom de *H. lanatum*, appliqué par Villars, vient de l'*Andryala lanata* Linné ; or, d'après Fries, cette dernière espèce est le *H. andryaloides*. Il en résulterait, si Fries ne fait pas erreur, que le nom de *H. lanatum* ne peut plus être conservé non plus pour le *Hieracium* que Waldstein et Kitaibel, et Fries d'après eux, ont distingué sous ce nom (en 1805), et plus encore : l'*H. andryaloides* devrait porter le nom de *H. lanatum* (d'après *Andryala lanata* L. amoen. IV, p. 288, ann. 1755). Pareils changements de nomenclature seraient déplorables à l'égard d'espèces sur lesquelles on est d'accord jusqu'ici. Nous avons considéré l'*Andryala lanata* L. comme douteux et le nom de *lanatum* comme devant être abandonné pour désigner un *Hieracium*.

[2] Dans l'herbier du musée de Nice des éch. existent, récoltés au pont du Suchet, entre Duranus et Lantosque, ce qui porterait la limite inf. bien au-dessous (env. 350 m.)

editioribus jugis Alpium marit. », indications qui sont au moins incomplètes.
Lig. (Bert. fl. It.); V. V.!; B. A. (op. cit.); V.! (Aiguines; Albert leg., in herb.
Burn.).

37. H. ANDRYALOIDES *Villars Dauph. III, p. 121 ; Fries, epic. p. 79.*

HAB. Col de Braus* (de Charpentier, in Rchb. fil. ic. fl. Germ. XIX, p. 94). —
Rochers, à la montagne de Bouyon!* (Bourg. pl. Alp. marit. exsicc. N° 165). —
Entre Bouyon et l'Esteron!!*, 26 mai 1875. — Entre les Ferres et Bouyon et
entre B. et le Broc!!*, 19 juin 1879.

> V. (Hanry cat.; Gr. et Godr.); B. A. (op. cit.).

† H. Monregalense *Nobis.*

Feuilles entières ; les basilaires assez grandes, oblongues-aiguës,
insensiblement atténuées vers leur base en un pétiole tantôt un peu
plus long que la demi-long. du limbe, tantôt plus court, parfois nul ;
les caulinaires larges, subembrassantes ; poils subplumeux ou en
partie fortement denticulés ; feuilles et pédoncules dépourvus de poils
glanduleux ; ligules à dents poilues (parfois assez faiblement).

Plante mollement velue sur toutes ses parties, à tige de 10 à 20 cm.
de haut., ramifiée vers son milieu ou vers son sommet, avec deux ou
trois capitules, parfois monocéphale ; feuilles basilaires çà et là à peine
denticulées par une légère saillie terminée par un mucron calleux, les
caulinaires au nombre de deux ou trois, ovales, aiguës ou un peu acuminées ; styles livides.

Le port ressemble à celui des **H. amplexicaule, pulmonarioides** et **Pedemontanum,**
dans quelques-unes de leurs variations à tige réduite et feuilles entières ; notre
plante en diffère par l'absence de poils glanduleux sur les feuilles et pédoncules
et d'autres caractères. Elle ne peut être confondue non plus avec les variétés les
moins velues des **H. tomentosum** et **andryaloides**; les poils qui la recouvrent ne
sont pas tortueux-entrelacés, ni aussi nettement plumeux; les feuilles caulinaires moyennes sont plus embrassantes qu'elles ne le sont très gén. dans ces
dernières; les folioles involucrales sont moins nettement atténuées-cuspidées, etc.

Le **H. Monregalense** nous paraît avoir surtout des rapports avec les **H. thapsoides** et **lychnioides** Arv.-Touv.

Le **H. thapsoides** Arv.-Touv.! mon. p. 33, ressemble au nôtre par son port, ses
feuilles caulinaires moyennes larges et subembrassantes, ses ligules à dents poilues, etc., mais il en diffère par la présence de poils franchement plumeux
et par ses feuilles caulinaires plus nombreuses (quatre ou cinq). D'après M. Arvet-Touvet les feuilles basilaires sont ord. détruites à l'anthèse, ce qui est bien
le cas sur une partie des spécimens que nous possédons (col de Lacroix,
Viso). Dans le **H. Monregalense** les feuilles basilaires sont toujours nombreuses

sur les ex. en fleur. D'après l'auteur, le **H. thapsoides** montre quelques poils glanduleux vers le haut de sa tige, mais nos éch. du Viso n'en portent aucun.

Le **H. lychnioides** Arv.-Touv.! mon. p. 35; exsicc. soc. Dauph., Nº 1728 (in herb. Barbey et herb. Burn.) a aussi le port du **H. Monregalense**, des feuilles basilaires existant à l'anthèse, assez semblables à celles de ce dernier, quoique plus étroites, et des ligules poilues; mais les poils de la plante de M. Arvet-Touvet sont assez franchement plumeux, ses feuilles souvent glabrescentes en dessus, les caulinaires bien plus étroites, l'inf. à peine embrassante, la sup. linéaire et bractéiforme, enfin ses pédoncules portent quelques rares poils glanduleux.

Le **H. Liottardi** Ravaud! in bull. soc. bot. Fr. VII, p. 741 et le **H. melandryfolium** Arv.-Touv.! mon. p. 34, sont plus éloignés de notre plante. Le premier est considéré par M. Arvet-Touvet comme un hybride (**H. humile** × **andryaloides**); le second, moins voisin du nôtre que le premier, est peut-être un **H. cydoniæfolium** × **tomentosum**. — Nous n'avons pas vu d'éch. du **H. coronariæfolium** Arv.-Touv. mon. p. 34, qui est rapproché des **H. tomentosum** et **thapsoides**, mais la description citée ne s'applique pas bien à notre plante.

HAB. Vallée moyenne de l'Ellero!!** (prov. de Mondovi) entre Ponte Murato et Pontet Ciappo, vers 1550 m. s. m.; en fleur, sans akènes mûrs, le 15 juill. 1880.

†† H. digeneum *Nobis*.

Feuilles un peu sinuées-dentées, à dents aiguës et peu saillantes; les feuilles basilaires existent à l'anthèse, grandes, elliptiques ou elliptiques-oblongues, aiguës, insensiblement atténuées vers leur base en un pétiole à peine distinct; les caulinaires au nombre de quatre, celles infér. très développées, ovales-aiguës, embrassantes; poils subplumeux ou en partie fortement denticulés, mêlés à quelques rares poils glanduleux sur les bords des feuilles; pédoncules munis de nombreux poils glanduleux; ligules à dents fortement poilues.

Port rappelant à la fois celui des *H. tomentosum* et *amplexicaule;* toute la plante est très velue-laineuse et grisâtre, mais on aperçoit à travers le duvet la couleur verte des feuilles; tige de 20 cm. de haut., ramifiée vers son tiers inf., portant cinq grands capitules; involucre à folioles atténuées-aiguës, mais non cuspidées comme dans le *H. tomentosum;* styles jaunes.

Cette forme est bien voisine du **H. Ravaudii** Arv.-Touv.! mon. p. 38, que nous avons en nombreux ex. authentiques (**H. andryaloides** × **amplexicaule** Arv.-Touv. l. c.; **H. lanatum** × **amplexicaule?** Arv.-Touv. in sched. herb. Burn.), mais ce dernier a les feuilles absolument églanduleuses, à poils plus franchement plumeux, les pédoncules moins glanduleux, les folioles involucrales un peu plus atténuées et même cuspidées, et les ligules glabres. Contrairement à la description de M. Arvet-Touvet, nous ne savons voir dans nos ex. les folioles involucrales plus longuement atténuées-aiguës que dans le **H. tomentosum (lanatum)**.

Le **H. digeneum** diffère du **H. Pedemontanum** (N° 31) par la présence de poils plus abondants et plus longs, par ses feuilles caulinaires plus larges, franchement embrassantes, enfin par ses pédoncules à poils glanduleux plus courts et dont la longueur n'atteint pas le diamètre du pédoncule, mêlés de poils simples, nombreux et bien plus longs. Dans le **H. Pedemontanum** les poils glanduleux dépassent souvent le diamètre du pédoncule et les poils simples sont peu nombreux ou nuls.

Nous avons trouvé un seul ex. du **H. digeneum**, sur les rochers près de Tende, le 6 juill. 1879, sans akènes mûrs ; nous ne pouvons donc vérifier si les fruits sont stériles, ainsi que nous le dit M. Arvet-Touvet de son **H. Ravaudii**, dans une note manuscrite. Notre plante pourrait très bien être un hybride des **H. amplexicaule** et **tomentosum**, se rapprochant plus du premier, tandis que le **H. Ravaudii** serait plus voisin du second.

† 38. **H. PELLITUM** *Fries! epic. p. 79; herb. Reuter!*; H. pseudolanatum *Arvet-Touvet! ess. p. 46; mon. p. 34; soc. Dauph. exsicc. N° 176* bis! *et 176* ter! ; H. lanato × murorum *Arv.-Touv.! l. c.*; H. Chaboissæi *Arv.-Touv.! in exsicc. Dauph. N° 1286;* H. floccosum *Arv.-Touv.! supp. (non* H. flocculosum *Buckh. in Hook. Brit. fl.).*

Cette espèce, quoique assez répandue et souvent très abondante dans certaines stations, pourrait fort bien n'être qu'un hybride du **H. tomentosum** avec nos espèces de la série des **Vulgata** entre lesquels nous l'avons presque toujours observée. Elle est assez facile à reconnaître, mais on pourrait distinguer un assez grand nombre de variations d'après la présence ou l'absence de glandes sur les pédoncules qui sont très gén. munis de quelques rares glandes [1], mais ces dernières manquent parfois complètement ; d'après la présence ou l'absence de poils à l'extrémité des ligules (très gén. faiblement ciliées), et encore d'après la couleur des styles qui sont ord. livides, mais que nous avons trouvés jaunes sur quelques ex. L'indument des feuilles varie aussi beaucoup ; gén. très velues-laineuses, comme dans certaines variations du **H. tomentosum**, elles ont parfois aussi un indument moins abondant et tel que celui de certains **Vulgata**. Les feuilles basilaires sont tantôt très entières, tantôt dentées ou incisées, leur forme varie beaucoup, de l'ovale à l'oblong ; elles sont tantôt brusquement contractées en pétiole, tantôt insensiblement atténuées vers leur base. — Il nous a été impossible de découvrir des relations constantes entre ces caractères. — Fries a attribué à son **H. pellitum** des ligules fortement poilues « **ligulis eximie ciliatis ab omnibus dignoscitur** » et des poils franchement plumeux « **villus eximie plumosus,** » mais les trois ex. de l'herbier Reuter, annotés par Fries, et sur lesquels ce botaniste a établi son espèce, ont les ligules faiblement poilues et les poils des feuilles ne sont pas plumeux, mais subplumeux et en partie même denticulés. Ces ex. ont d'ailleurs les pédoncules dénués de glandes et les styles un peu livides.

---

[1] Les ex. que nous avons du *H. floccosum* (Arv.-Touv. in exsicc. Dauph., N° 1286) montrent des glandes un peu plus nombreuses que les plus glandulifères d'entre nos ex. des Alp. marit.

HAB. Sommités du mont Galero!!``, extr. or. des Alp. marit. — Vallée S. Giovanni, près de Limone!!`` (Vetter leg., in herb. Burn.). — Montagne de Giuriaccio (sic), supra Limone!``, 3 août 1851 (Reuter leg., in herb. Reuter-Barbey [1]). — En plusieurs stations dans la partie sup. du val Sabbione!!``, sur Entraque. — Vallon Erberg, près Pallanfre!!``, partie sup. de la vallée Grande. (Nous avons en herbier 44 ex. de ces diverses stations). V. V.!; B. A.!

SECTION K. — PULMONAROIDEA *Koch syn.*
(*excl. H. Jacquini*).

1. Orcadea *Fries, epic. p. 82 (excl. H. lacerum et H. cinerascens).*

†† 39. **H. SCHMIDTII** *Tausch, in Flora 1828[2]; Koch syn. éd. 2, p. 522;* H. pallidum *Fries, epic. p. 83; an Bivona (ann. 1813)?*

HAB. Au-dessus de la Madone de Fenestre!`` « in glareosis, » juill. 1854, neuf exemplaires, dans l'herbier Reuter, sans nom, avec la mention : « envoyé à Fries sous le Nᵘ 7. » Ces éch. ne diffèrent pas des formes typiques les plus répandues de cette espèce. — Fries dit des espèces de la sect. Orcadea : « inhabitant rupes et saxa granitica; » nous croyons qu'en Suisse il en est de même du H. Schmidtii; la station des Alp. marit. est aussi sur roches primitives.

Nous avons vu cette espèce des vallées Vaudoises du Piémont dans l'herbier Rostan.

2. Vulgata *Fries, epic. p. 89 (p. p. max.)*

†† 40. **H. CÆSIUM** *Fries symb. p. 112 et epic. p. 92.*

HAB. Assez répandu dans les régions alpine et subalpine; nos ex. récoltés çà et là dans toute la chaîne, depuis (et y compris) les monts Mongioie et Fronte jusqu'à l'Enchastraye. Dans la région montagneuse nous l'avons vu des mont. voisines de l'Escarène et de Sospel et du versant nord du mont Cheiron, en éch. très typiques. V. V.! (herb. Rostan. mêlé à des ex. de H. armerioides; Rostan, exsicc. Ped. Nᵒ 92, sub : H. murorum b. laciniatum).

---

[1] Cette station a été indiquée à tort par Fries comme appartenant à l'Espagne, ce qui a amené MM. Willkomm et Lange (prod. fl. Hisp. II, p. 266) à comprendre le *H. pellitum* dans leur Flore où les *Andryaloidea* paraissent d'ailleurs manquer.

On trouve dans une note de Milde (Verhandl. k. zool.-bot. gesell. Wien 1867, p. 7, Separatabdruck) la mention de ce même « *col de Giuriaccio, in alpibus Tendæ supra Limone (Boissier et Reuter)* » pour l'*Asplenium fissum.* Nous n'avons jamais su découvrir sur les cartes ce col de Giuriaccio, pas plus que nous n'avons réussi, malgré de nombreuses courses, à trouver près de Limone le rare *Asplenium*, mais il s'y rencontre indubitablement quelque part et nous l'avons récolté nous-même dans les vallées voisines, de Pesio et de l'Ellero.

[2] Nous rapportons à ce type les *H. intricatum* Arv.-Touv. supp. ; *H. intertextum* Arv.-Touv., soc. Dauph. exsicc. Nᵒ 474 (non essai, nec supp.) ; *H. brunellæforme* Arv.-Touv. supp. p. 18 (forme microcephale).

41. H. MURORUM *Linné spec. éd. 2 (var. α et β).*

α **sylvaticum**; H. murorum β sylvaticum *L. l. c.; Fries, epic. p. 91.*

β **præcox**; H. præcox *Schultz bip.!; Grenier fl. Jur. p. 484.*

γ **cinerascens**; H. cinerascens *Jord.! cat. Gren. (sec. specim. auct. in herb. Reuter); Fries, epic. p. 85 p. p.*[1]

δ **pilosissimum** *Linné (conf. Neilr. krit. zusammenst. Hier. p. 42); Fries, epic. p. 91.*

ε **bifidum**; H. bifidum *Kitaibel; Fries, epic. p. 93*[2].

HAB. α **sylvaticum**. Régions alpine et montagneuse; aucun de nos ex. n'a été récolté dans la région littorale proprement dite, mais nous ne pouvons affirmer que cette variété ne s'y rencontre pas.

β **præcox**. Comme la précédente, mais probablement plus répandue; nous l'avons vue de la région littorale des env. de Nice (herb. mus. Nice).

γ **cinerascens**. Tous les ex. que nous avons vus (herb. Th.; herb. mus. Nice; herb. Burn.) provenaient de la région littorale ou s'en écartaient à peine. — Nous avons trouvé aussi cette var. dans l'herb. Reuter, du Luc (Var), identique aux éch. de M. Jordan (H. cinerascens) du même herbier.

δ **pilosissimum**. Région littorale, depuis la partie orientale de notre circonscription (Ricca, cat. piant. vasc. Diano, p. 45) jusqu'au Var. — Nous l'avons récoltée au Luc (Var) et vue, de Hyères, dans l'herb. Reuter.

ε **bifidum**. Régions alpine et montagneuse voisine de la grande chaîne, jusque vers 800 m. — Nous n'avons pas observé encore cette var. dans la région des oliviers, mais elle s'y rencontrera probablement. Dans l'Hérault elle descend dans la plaine (Loret fl. Montp., p. 406).

42. H. VULGATUM *Fries, novit. éd. 1 (1819); epic. p. 98; H. sylvaticum Gr. et Godr. fl. Fr.; an Gouan?*

Quelques-uns de nos éch. des Alp. marit. se rapprochent beaucoup du **H. murorum** par leurs feuilles basilaires à base tronquée ou brusquement contractée en pétiole, celles caulinaires peu nombreuses (parfois seulement au nombre de trois) et par leurs rameaux arqués-ascendants; certains de ces ex. sont assez bien représentés par la figure à gauche, t. 621 de Cusin XLV (herb. fl. Fr.); ils ne diffèrent du **H. murorum** que par leurs tiges un peu plus feuillées. — D'autres va-

---

[1] Des ex. de l'herbier Reuter, des collines de Neuchâtel, station citée par Fries pour son *H. cinerascens*, appartiennent tous à la var. *β præcox*. Le vrai *H. cinerascens* Jord. ne se rencontre en Suisse qu'en Valais, où il paraît fort rare; nous en possédons des ex. des env. de Viège! (Schneider leg., in herb. Burn.).

[2] Nous rapportons à cette variété le *H. stenolepis* Lind. Hier. exsicc. N° 129! — M. Arvet-Touvet (notes p. 10 et 15) identifie ce numéro avec le *H. cæsioïdes* Arv.-Touv. (soc. Dauph. exsicc. N° 2529), qui est pour nous à peine distinct du *H. cæsium* Fries. Ce dernier, par ses involucres plus larges et très velus, est très différent de ce que nous avons reçu de M. Lindeberg sous le N° 129 de sa collection.

riations ont les ligules à dents poilues, elles diffèrent du **H. Juranum** par leurs feuilles caulinaires non embrassantes et leurs akènes presque noirs à la maturité. - - Nous avons encore des variations à feuilles basilaires desséchées à l'anthèse, qu'on ne peut cependant confondre avec le **H. tridentatum** qui a les pédoncules églanduleux ou à peu près, des folioles involucrales plus imbriquées, etc. — Comparer sur cette espèce : Nägeli, sitzungsber. Bayer. Akad., avril 1866, p. 456, 466 et Fries epic. p. 98.

HAB. Assez répandu dans les régions alpine et montagneuse; nous ne l'avons pas encore vu dans la région littorale et sublittorale (?); dans le nord de notre circonscription il descend dans les basses vallées qui aboutissent à la plaine du Piémont (vallée de Corsaglia et de Pesio; env. d'Entraque, etc.). Nous l'avons observé à près de 2000 m. s. m. au col del Pizzo d'Ormea**, en exempl. réduits et monocéphales, à côté du H. glanduliferum, variation que nous avons d'ailleurs observée dans d'autres stations alpines moins élevées.

SECTION L. — ITALICA *Fries, epic. p. 107*.
(stirps : Virga-aurea *Cosson*).

† 43. **H. VIRGA-AUREA** *Coss. pl. nouv. in ann. sc. nat., bot. VII, p. 209 pl. 12 (avril 1847); H. Italicum Fries! symb. (1848); epic. p. 107, et H. Virga-aurea Fries, epic. p. 108.*

HAB. Montagnes au nord de Port-Maurice, où nous n'avons pas récolté cette espèce, mais d'où nous l'avons reçue de MM. Strafforello et Gentile de Port-Maurice : Borgomaro, lieux boisés, août!** (Strafforello); Bosco di Rezzo!**, 1880 (G. Gentile); Alpes de Rezzo!**, 1866 (Strafforello). — Les autres ex. de notre herbier proviennent des env. de Gênes, de plusieurs stations de la Toscane, de l'île d'Elbe et de Naples (S. Angelo, Boiss. leg. 1846)[1]. — Fries signale le H. Italicum en Dalmatie et en Macédoine, d'où nous ne l'avons pas vu.

44. **H. PROVINCIALE** *Jord. obs. VII, p. 41 (ann. 1849); H. boreale Ard. fl. Alp. marit., p. 245?; non Fries.*

Cette espèce était à peine connue de Fries (epic. p. 131); elle forme un passage évident du **H. Virga-aurea** au **H. boreale**, ou des **Italica** aux **Accipitrina (Sabauda)**; elle est très variable et tantôt phyllopode, tantôt aphyllopode; ces dernières variations ressemblent beaucoup au **H. boreale**. — Le **H. Provinciale** se reconnaît gén. par son inflorescence plus ou moins allongée, étroite, racémiforme, par ses involucres grêles, pâles et canescents, à duvet étoilé-farineux mêlé de poils plus

---

[1] Nous avons vu dans l'herbier de M. Groves, de Florence, le *H. Virga-aurea* des Abruzzes, et dans la même collection, de la même région, le *H. crinitum* Sibth. et Sm. qui est bien voisin du N° 43, mais il nous paraît posséder des folioles involucrales plus larges et plus imbriquées; ses feuilles basilaires sont atténuées en un très court pétiole. Les ex. que nous avons vus étaient phyllopodes, et portaient des akènes pâles.

longs simples, blancs et fins, avec des poils glandulifères (qui manquent assez souvent), par ses folioles involucrales moins franchement imbriquées, et enfin par ses akènes moins foncés. La souche est gén. allongée, plus ou moins grêle, s'enfonçant verticalement en terre pour se diviser bien au-dessous du collet, tandis que dans le **H. boreale** nous avons toujours vu la souche courte, tronquée, souvent oblique ou horizontale et divisée près du collet. — Mais tous ces caractères sont sujets à varier et on rencontre des ex. parfois difficiles à déterminer.

D'un autre côté, il existe des variations bien voisines du **H. Virga-aurea.** Ce dernier nous paraît être toujours phyllopode; il diffère en général du **H. Provinciale** par ses feuilles plus minces. moins velues et souvent glabrescentes ou même glabres, les basilaires à pétiole mieux séparé du limbe, le pétiole égalant ou dépassant même le limbe en longueur, par ses involucres plus grêles, munis de poils courts appliqués, presque dénués de poils allongés étalés, à folioles encore moins imbriquées, et surtout par ses akènes pâles (comme dans le **H. prenanthoïdes**) et non d'un brun plus ou moins foncé comme dans le **H. Provinciale.** — Nous avons des ex. (vallées de Corsaglia et de Pesio) qui présentent des feuilles basilaires assez velues sur les deux faces, à pétiole allongé et bien séparé du limbe, à involucres munis de poils longs plus nombreux que dans le **H. Virga-aurea**, avec des akènes pâles; ex. qui nous paraissent former un passage entre nos deux types 43 et 44.

β **symphytaceum**; H. symphytaceum *Arv.-Touv.! in bull. soc. Dauph. ann. 1876, et soc. Dauph. exsicc. Nᵒ 858!*

HAB. *α.* Régions littorale et montagneuse; nos ex. récoltés jusqu'à 1200 m. Environs de Port-Maurice!** et d'Oneille!** (G. Gentile). — Col de Nava!*, entre Ormea et Oneille (G. Gentile). — Env. de Rezzo!** (G. Gentile). — Vallées de Corsaglia!!** et de Pesio!!**, où il est assez fréquent. — Vallée de Cairos!* (herb. mus. Nice). — Menton!* (Walther leg., in herb. Burn.). — Berre!* (herb. mus. Nice). — Drap!* (herb. mus. Nice). — Env. de Nice!*, en plusieurs stations (herb. mus. Nice). — Vallée inf. de Roaschia!!**, près de Valdieri-ville. — Près de Grasse!* (herb. Th., sub : H. boreale).   V. V.!; V. (Jord. l. c.)

M. Jordan (obs. VII. p. 42) signale aux environs de Fréjus un **H. Perreymondi** qui ne nous paraît pas différer, d'après la description, de certaines variations récoltées dans notre dition. M. Ricca (cat. piant. vasc. Diano, etc., p. 45) a un **H. Provinciale** Jord., G. G. « negli oliveti ombrosi » dans les vallées de Diano et Cervo, qui doit appartenir à nos Nᵒˢ 43 ou 44.

β **symphytaceum.** Partie sup. de la vallée de Pesio!!**, 13 août 1882.

SECTION M. — ACCIPITRINA *Koch syn. (excl. H. racemosum).*

1. Stirps : H. tridentatum *Fries.*

† 45. H. **TRIDENTATUM** *Fries, novit. 1819; epic. p. 116 (incl. H. Gothicum Fries, saltem p. p.).*

Nos ex. des Alp. marit. (onze) appartiennent à une petite forme : tiges de 20 à 35 cm. de haut.; feuilles munies de dents peu saillantes et parfois presque nulles; capitules peu nombreux (deux à cinq) avec des folioles involucrales plus ou moins noircies par la dessiccation, portant des poils courts et peu nombreux, en partie glandulifères; les poils étoilés manquent à peu près, sauf vers la base de l'involucre. Sur le vif les styles étaient très livides, presque noirâtres, et les involucres rétrécis vers leur sommet. « Involucra deflorata apice constricta, » a dit Fries (epic. p. 116).

Nous avons vu des ex. du Hohneck (Vosges, sub : **H. Magistri** Godr.) qui sont identiques aux nôtres, et çà et là d'Allemagne et de Scandinavie d'autres variations, gén. sous le nom de **H. Gothicum**, qui ne diffèrent pas de nos éch. (sur cette dernière espèce? comparer : Fries, epic. p. 114; Christener Hier. Schw. p. 20; Lind. Hier. exsicc. N° 78; Arvet-Touvet mon., p. 46).

HAB. Dans les prés, au-dessus de Pian Bernardo!!**, Alpes de Garessio, bassin du Tanaro; 27 juill. 1880.

Nous avons vu le H. tridentatum des vallées Vaudoises du Piémont, dans l'herbier de M. Rostan.

2. Stirps : H. Sabaudum *Linné, sec. Fries, epic. p. 127.*

† 46. H. BOREALE *Fries symb. p. 190; epic. p. 130.*

Nous ne connaissons pas le vrai **H. Sabaudum** tel qu'il a été décrit par Fries, Koch, Grenier et Godron, etc., ou du moins nous ne savons séparer du **H. boreale** les formes spontanées que nous avons vues dans les herbiers sous le nom de **H. Sabaudum**. Fries a rapporté à ce dernier la figure d'Allioni Ped. t. 27 f. 2, et Koch dit de cette même figure qu'elle est excellente. Dans l'herbier d'Allioni nous avons trouvé six feuilles sous le nom de **H. Sabaudum**, trois d'entre elles (huit ex.) appartiennent au **H. umbellatum**, une quatrième nous paraît contenir un **H. boreale** et deux autres renferment chacune un ex. qui pourrait avoir servi pour la figure citée. Ces éch. se rapportent à des variations du **H. boreale** (de nos vallées du nord de la chaîne) dans lesquelles les écailles des pédoncules sont parfois rares ou réduites à une ou deux, les feuilles caulinaires larges, etc.

HAB. Les Viozennes (Viozene)!!** (Strafforello leg., in herb. Burn.). — Vallée de Corsaglia!!**, en diverses stations, 23 et 24 août 1882. — Vallée inf. de l'Ellero!!**. — Entre Roccaforte et la Chiusa de Pesio!!**. — Vallée de Pesio!!** en plusieurs stations. — Entre Valdieri-les-bains et Valdieri-ville!!**.

De Notaris (rep.) indique le **H. Sabaudum**, près de Dolcedo (env. de Port-Maurice) et le **H. boreale** (incl. **H. Provinciale** et **Virga-aurea ??**) comme fréquent en Ligurie. Nous avons vu le **H. boreale** des vallées Vaudoises piém. où il paraît très répandu. M. Hanry (cat.) dit le **H. Sabaudum** fréquent dans le Var.

† 47. H. PSEUDO-ERIOPHORUM *Loret et Timb.-Lagr.! in bull. soc. bot. Fr. V. p. 616 (ann. 1858); exsicc. soc. Dauph. N° 1732!;*

H. hirsutum *Gren. et Godr. fl. Fr.; non Bernh. sec. Loret l. c.; nec Tausch.*

Cette espèce a le port d'un **H. boreale** très velu; elle se distingue aisément de ce dernier par ses feuilles munies de petits poils glandulifères, ses pédoncules et involucres portant des poils glandulifères courts parfois assez nombreux qui sont mêlés à des poils non glanduleux, simples et plus nombreux que dans toutes nos variations du **H. boreale**.

Nos ex. des Alp. marit. et du Piémont diffèrent un peu de ceux de l'Ariège (port de Paillères, Gautier et Timb.-Lagr. leg.) par un indument gén. plus abondant, avec des poils plus longs, mais ce caractère varie notablement dans les deux régions; des feuilles plus longuement atténuées à l'extr., plus étroitement et plus longuement dentées; des rameaux gén. moins étalés, et des styles très livides (non jaunâtres et brunissant très peu en séchant). Enfin dans nos ex. piémontais les feuilles sup. sont dénuées, ou à peu près, de poils étoilés sur leur face inf., tandis que celles de la plante de l'Ariège en portent gén. de très nombreux.

La description citée du **H. pseudo-eriophorum** ne mentionne pas les poils glanduleux des feuilles, mais nos ex. de l'Ariège en portent. Ces derniers ont (Loret l. c.) des corolles obscurément ciliolées; de même dans les éch. piémontais, les ligules montrent çà et là quelques rares poils vers leur sommet. Nous n'avons pas vu les akènes mûrs de la plante du Piémont; ils sont d'un pourpre noir dans le **H. hirsutum** des Pyrénées, décrit par Grenier et Godron.

HAB. Environs de Garessio!!**, en montant au col de S. Bernardo, 24 juill. 1880, à peine en fleur. — Vallée de Casotto** (sans fleurs, vu le 22 juill. 1880). — Entre Torre della Sibilla du val Corsaglia et Monastero (env. de Mondovi)!!**, fin août 1883.

Nous l'avons récolté, identique, sur la colline de la Superga, près de Turin, le 9 août 1877, et reçu de M. Rostan, des vallées Vaudoises du Piémont.

† **H. dolosum** *Nobis.*

Feuilles étroites, lancéolées ou étroitement lancéolées, atténuées et très aiguës à leur sommet, insensiblement rétrécies vers leur base, sauf les sup. qui sont un peu élargies au-dessus de leur insertion, mais nullement embrassantes, à nervures plus saillantes et plus anastomosées que dans le *H. boreale*, à peu près comme dans le *H. umbellatum* dont notre plante possède la pubescence courte et rude (des feuilles); les involucres sont d'un vert foncé (sur le sec), à folioles toutes appliquées, avec l'indument qu'on rencontre souvent dans le *H. boreale*, munies de poils simples, assez courts, puis çà et là de quelques poils glandulifères et d'autres étoilés qui existent surtout vers le pédoncule. Le port est celui du *H. umbellatum*, à part l'inflorescence qui n'est point ombelliforme, mais souvent assez allongée. La tige du *H. dolosum* (6 à 9 dm. de haut.) est presque glabre, sauf dans sa partie sup. qui porte un duvet étoilé devenant abondant sur les pédoncules ; les feuilles montrent de chaque côté une à trois dents peu saillantes ; les capitules sont assez petits, les styles plus ou moins livides (parfois presque jaunes) et les akènes (mûrs ?) d'un brun rougeâtre peu foncé.

En résumé, cette forme, qui nous paraît intéressante et voisine du *H. boreale*, possède à peu près les feuilles du *H. umbellatum*, au moins quant à leur forme, nervation et indument ; cependant celles du *H. dolosum* sont plus aiguës que nous ne les avons jamais vues dans l'*umbellatum* qui varie un peu sous ce rapport, mais dont les feuilles sont bien plus souvent obtuses, ou à peu près, qu'aiguës, même dans les variations à feuilles étroites. L'inflorescence et les capitules sont ceux du *H. boreale*.

D'après la description donnée par Reichenbach (ic. fl. Germ. XIX, p. 84) du **H. æstivum** Gr. et Godr. (non Fries) : « recedit ab **H. umbellato** involucri squamis appressis, acheniis purpureis ; charactere artificiali accedit ad **H. boreale** a quo foliis recedit ac vultu, » on pourrait croire que ce botaniste a eu notre **H. dolosum** en vue, mais nous avons trouvé dans l'herbier de Reuter, sous ce nom de **H. æstivum**, de nombreux ex. du Lautaret, récoltés par Reuter (cité par Rchb. l. c.); ils appartiennent au **H. monticola** Jord.! qui se trouve aussi en Savoie, comme en Suisse et qui n'est qu'une forme montagneuse du **H. umbellatum.** Dans les ex. du Lautaret eux-mêmes les folioles involucrales, glabrescentes, sont plus ou moins étalées-recourbées (nous les avons jamais vues exactement appliquées), à peu près comme dans le type **umbellatum** dont cette variété diffère surtout par ses tiges moins élevées, ses capitules moins nombreux, à involucres noirâtres, et ses akènes moins foncés.

HAB. Pentes dénudées dominant les rivières, au confluent près des Gias della Serpentera, partie sup. du val Pesio!!**; 1100 m. s. m., en fleur, très abondant, le 19 août 1882. Dans cette station nous n'avons récolté aucun autre Hieracium

3. Stirps : H. umbellatum *Linné.*

48. **H. UMBELLATUM** *Linné spec.; Fries, epic. p. 135.*

Ardoino donne les indications suivantes sur cette espèce gén. très facile à distinguer : région mont.; bois taillis, bruyères : Tende! etc.; très rare dans la région littorale. — Nous la croyons extrêmement rare dans toute notre circonscription et ne l'avons jusqu'ici que de trois stations ; elle manque à l'herbier Thuret et Bornet, ainsi qu'à la collection du musée de Nice.

Dans les régions voisines de la nôtre le **H. umbellatum** paraît rare ou nul. De Notaris (rep. p. 263) dit qu'il ne le possède pas de la Ligurie ; cependant Bertoloni donne son **H. lactaris** comme fréquent à Sarzana (Lig. or.) et d'après un ex.

que nous avons vu dans l'herbier de Balbis (Sarzana, Bertoloni misit) ce **H. Lactaris** n'est qu'un **H.** umbellatum assez typique! Le **H. umbellatum** ne se trouvait pas parmi la collection que nous a envoyée M. Rostan, des vallées Vaudoises du Piémont, mais ce botaniste nous écrit que cette espèce n'est pas fort rare dans ces régions. Le catalogue publié par la soc. bot. de Lyon (6° ann., p. 491) ne le mentionne pas dans les Basses Alpes. Enfin M. Hanry (cat. Var) donne, d'après Robert, l'indication : Chartreuse de la Verne (Var) et M. Castagne (cat. Mars.) dit : rare, mont Redon.

HAB. Bosco Rezzo (mont. d'Oneille) et Garessio (*sic*); un ex. très typique, mêlé au H. boreale (Stralforello leg., in herb. Burn.). Garessio est dans la prov. de Mondovi; la station précise est donc impossible à déterminer. — Vallon près S. Bartolomeo du val Pesio!!**. — Madonna dei boschi, près la Chartreuse de Pesio!!**. — Annot* (Reverchon), station très douteuse.

M. Ingegnatti (cat. princip. spec. Mondovi, 1877, p. 41) rapporte que le **H. umbellatum** croît sur la colline de Vicoforte, près Mondovi, station qui fait partie de notre dition.

SOUS-GENRE III. — CHLOROCREPIS (*Griseb. comm. 75, ann. 1852*).

49. **H. STATICEFOLIUM** *All. auct. ad syn. meth. st. hort. Taur., p. 71 et herb.! (ann. 1774; conf. Gras, in bull. soc. bot. Fr. 1861, p. 273); Vill. prosp. (ann. 1779); Chlorocrepis staticefolia Griseb. l. c.*

Très répandu dans les régions alpine inf. et montagneuse de toute la chaîne; en suivant le cours des rivières il atteint parfois la plaine du Piémont (près Cuneo; Benedetti cat. ined. fl. Cuneese), et la région littorale près de Nice! (herb. mus. Nice) et de Menton (Ard.) [1].

Lig. (Bert. fl. It.; de Not. rep.); V. V.!; B. A. (op. cit.).

[1] M. H. Groves nous a communiqué deux éch. récoltés : « in pascuis mont. Montgioie, juill. 1880, » sub : *H. saxatile* Jacq.; ils ont des folioles involucrales bien moins aiguës-atténuées; l'un d'eux porte des poils allongés nombreux mêlés au duvet étoilé, sur ses involucres. Les pédoncules sont plus étalés qu'ils ne le sont dans certaines variations du type. Ces éch. appartiennent-ils à un simple lusus du *H. staticefolium* (sur lequel nous n'avons jamais observé ces caractères), ou à une variété qui mérite d'être signalée?

TABLE

des divisions, espèces, variétés, hybrides et synonymes.

(Les noms imprimés en lettres italiques sont ceux admis pour nos espèces, variétés, etc.).

NOTES ET ADDITIONS

AU

CATALOGUE DES HIERACIUM

DES ALPES MARITIMES

Nous avons communiqué à **M.** Arvet-Touvet vers la fin de mai
dernier les pages 1 à 48 du travail qui précède. Ce botaniste possède
des connaissances plus étendues que les nôtres sur le genre critique
dont il a fait sa spécialité depuis bien des années; il a examiné avec
soin le plus grand nombre de nos Hieracium et a eu l'obligeance de
nous adresser des notes critiques fort intéressantes. Nous avons re-
gretté de n'avoir pas fait appel plus tôt aux connaissances de notre
honorable confrère, car nous eussions envisagé certaines formes critiques d'une manière un peu différente et évité de décrire comme nouvelles plusieurs autres déjà observées dans les Alpes du Dauphiné.

On verra que les vues de M. Arvet-Touvet sont fort souvent bien
différentes des nôtres. Mais dans un sujet aussi difficile et un champ
inexploré encore si vaste, il faut bien s'attendre à ce qu'il y ait longtemps encore des contestations[1]. Après un nouvel et consciencieux

[1] Il est probable même qu'il y en aura toujours en ce qui concerne la constitution des
groupes qui composent un genre : espèces et sous-espèces de divers ordres, variétés,
sous-variétés et variations, etc. — Mais le jour viendra certainement où il ne sera plus
permis d'aborder la monographie d'un genre critique en envisageant les divers types
comme des unités de même valeur. On réclamera de plus en plus le triage des espèces
primaires et secondaires et le groupement autour d'elles des variétés, formes dérivées,
formes intermédiaires, etc., pour rejeter à leur vrai rang les variations individuelles et

examen nous avons dû maintenir sur plusieurs points notre première manière de voir, mais nous avons toujours cherché à discuter avec convenance et courtoisie les opinions opposées aux nôtres.

Les détails dans lesquels nous avons dû entrer pour mettre les pièces de ces divers procès sous les yeux de nouveaux observateurs ont exigé des développements qui n'auraient point été à leur place dans notre catalogue. — Nous avons utilisé ces additions à notre travail pour décrire plusieurs formes critiques et pour mentionner aussi quelques faits nouveaux observés dans notre campagne de 1883.

Vevey (Suisse), octobre 1883.

---

locales sans importance. Un pareil travail ne saurait être entrepris qu'après une étude de tous les éléments qui constituent le genre. — Lorsque l'exemple sera suivi, qui a été si bien donné par quelques spécialistes tels que M. Christ pour les Rosa de la Suisse et contrées voisines (1873), M. Focke pour les Rubus de l'Allemagne (1877) et M. Hackel pour les Festuca de l'Europe (1882), alors tomberont de plus en plus dans l'obscurité les travaux qui continuent à présenter les *micromorphes* (A. DC.) au même titre que les vraies espèces et il ne sera plus permis de décrire au hasard la première variation locale venue sans s'occuper de la rattacher rationnellement aux éléments d'ordre supérieur de son groupe (conf. Crépin prim. fasc. 6, p. 190 et suiv.; Alph. de Cand., phyt. p. 161; nouv. remarques sur nomenc., p. 49).

Le point essentiel sur lequel nous différons d'opinion avec M. Arvet-Touvet est précisément relatif à ce classement des divers éléments du genre Hieracium, car c'est là un travail que ce botaniste n'a pas encore abordé sérieusement dans ses divers ouvrages. La manière dont est présentée une série toujours croissante d'espèces du même ordre n'est point conforme aux faits, pas plus qu'elle n'est de nature à rendre abordable l'étude de ce groupe critique, même pour des spécialistes.

ADDITIONS

H. PRÆALTUM *Vill. : Burn. et Gr. cat. Hier., p. 3.*
Var. β **Zizianum** *Fries. epic. p. 32.*

Nous avons désigné sous ce nom une variété, assez répandue, que Fries a décrite comme suit : « Raro stoloniferum, herba setis longis hispida, foliis subtus floccosis, anthela densa subcymosa, involucris villosis. » — M. Arvet-Touvet nous a retourné quelques-uns de nos éch. de cette variété β, en désignant les uns (Saint-Dalmas de Tende, 7 juillet 1879, 6 ex.) sous le nom de **H. caricinum** Arv.-T., var. **hispidum**, forma **subcymosa**, et les autres (vallée du Sabbione, 21 juil. 1876) sous le nom de **H. junciforme** Arv.-T., forma **subcymosa**.

Le **H. caricinum** dont nous n'avons pas vu d'ex. est probablement, d'après son auteur, un produit hybride des **H. Pilosella** et **Florentinum** (essai pl. Dauph., p. 40; mon., p. 14; add., p. 7), or nous ne savons à aucun titre voir dans les éch. de Saint-Dalmas autre chose qu'une forme assez typique du **H. præaltum**. — Quant au **H. Adriaticum** Nœg. in Freyn Fl. S.-Ist., p. 132, que M. Arvet-T. regarde comme *une simple forme* de son **H. caricinum**, il est parfaitement décrit dans le Flora von Süd-Istrien (l. c.) et figuré dans Visiani (Fl. Dalm. supp. pars 2 posth., tab. VII, fig. 1); nous le possédons, récolté et déterminé par M. Freyn lui-même. Il nous paraît une sous-espèce voisine du **H. præaltum**, très répandue en Istrie, moins fréquente en Dalmatie et remarquable par la présence de capitules subsessiles avortés, et celle d'une coloration rouge sur les fleurons extérieurs; la partie sup. des tiges et l'inflorescence portent des poils à glandes jaunâtres. Ces caractères qui semblent constants ne sont point ceux de notre plante des Alpes maritimes.

Quant au **H. junciforme**, M. Arv.-T. (add., p. 6) le dit être certainement hybride du **H. Florentinum** avec une forme du **H. Pilosella**; en effet, les éch. que nous avons vus du Valais, déterminés par l'auteur, offrent bien les apparences d'un tel hybride. Or dans notre Hieracium de la vallée du Sabbione nous ne pouvons voir qu'une variation du **H. præaltum** à feuilles plus ou moins hérissées de poils sétiformes, munies en dessous de poils étoilés fort peu abondants, à inflorescence assez compacte et subombelliforme, à involucres canescents, etc.

Var. γ **Esterellense** *Burn. et Gr. l. c.*

M. Arvet-T. a annoté nos ex. : « Cette forme me parait bien voisine de la var. **Zizianum** Fries, du **H. præaltum** Vill. » — Assurément, mais les poils étoilés manquent à peu près sur les feuilles, les autres sont plus abondants, allongés et raides que dans tous nos ex. de β ; l'inflorescence est très compacte et pauciflore.

H. CYMOSUM *L.: Burn. et Gr., cat. p. 4.*

Nous avons retrouvé la var. α, bien caractérisée : vallon de Valasco, près des bains de Valdieri!! **. — Près de S. Bernolfo, env. des bains de Vinadio!! **. — Vallée de Ferrière (bassin sup. de la Stura)!! *.

La var. β : vallée de Ferrière !!**.

Enfin la sous-var. β¹, à fleurons plus ou moins lavés de rouge : vallée de Ferrière!!**. — Col entre Bouziès et Salzo Moreno!!*; deux de nos ex. présentent des stolons : l'un, hypogé, porte à son extr. une rosette de feuilles bien développées ; l'autre, épigé, est assez grêle et microphylle. — Col de la Maddalena !!**; ces éch. (dénués de stolons) portent des capitules plus grands et rappellent un peu par leur port le H. aurantiacum, dont ils n'ont du reste pas les caractères essentiels.

H. Laggeri *Fries; Burn. et Gr., cat. p. 5.*

Ajouter aux stations indiquées : col de la Maddalena (ou de Larche)!!**, 31 juil. 1883. — Dans nos Alpes, le **H. Laggeri** est parfois malaisé à distinguer de certaines variations réduites du **H. cymosum** β **Sabinum**.

H. Nægelii *Gremli; Burn. et Gr., cat. p. 6.*

1. Nos échantillons de Cuneo appartiennent à un Hieracium qui possède les stolons et les feuilles du **H. Pilosella** typique, avec leur indument, une inflorescence lâche, deux ou trois fois bifurquée, avec de longs pédoncules dressés, canescents et portant quelques poils allongés, des capitules moins grands que dans le **H. Pilosella**, de la dimension de ceux du **H. præaltum**, avec des ligules concolores. — M. Arvet-T. a annoté ces éch. : « Cette plante intéressante paraît être, en effet, un hybride des **H. Pilosella** et **Florentinum**, elle représente vraisemblablement le **Pilosella Nægelii** Schultz ».

2. Notre échantillon de la vallée de Pesio appartient à une forme très voisine de la précédente, mais un peu différente par ses feuilles en partie dépourvues de poils étoilés, des pédoncules portant des poils étoilés peu nombreux, avec des poils longs, moins rares que dans le Hieracium de Cuneo.

3. Enfin les 4 ex. de la vallée de la minière de Tende, récoltés et observés aussi entre les parents, sont dépourvus de stolons ; leurs feuilles ont la forme de celles du **H. Florentinum** avec des poils étoilés médiocrement nombreux sur la face inf. entière et des poils sétiformes, dont elles sont hérissées ; leurs pédoncules sont allongés, au nombre de deux à quatre, dressés, canescents avec d'assez nombreux poils longs ; leurs involucres sont pareils à ceux des Nᵒˢ 1 et 2. — M. Arvet-T. a annoté le plus grand de ces ex., Nᵒ 3 : « Par cet intermédiaire ce Hieracium diffère à peine comme forme et non comme variété de mon **H. caricinum** var. **hispidum** f. **subcymosa** »; puis les trois autres ex. : « En comparant soigneusement cette forme **laxiflora** à celle que j'ai étiquetée **subcymosa**, vous

vous convaincrez qu'elles appartiennent à la même espèce, et qu'il est impossible de les réunir au **H. Nægelii** qui diffère *toto cœlo.* »

Sans aucun doute, nos quatre échantillons du N° 3 (qui appartiennent pour nous exactement à la même variation) sont *très* différents de ceux 1 et 2, mais nous avons la conviction que tous (1, 2 et 3) sont des produits hybrides ayant pour parents les **H. Pilosella** et **Florentinum** [1]. — Le **H. Pilosella** × **Florentinum**, décrit et figuré par M. Reichenbach (ic. fl. germ., p. 55. tab. 117, fig. 1), appartient à une forme différente ! et le **H. caricinum** de M. Arvet-T. (mon., p. 14), hybride probable des mêmes espèces d'après son auteur, est encore une variation autre que les quatre précédentes. Faut-il attribuer un nom spécial à chacun de ces produits et à toute une série, probablement très nombreuse, d'autres formes dues à un tel croisement ? cela nous paraîtrait fastidieux et il nous est impossible de suivre ici l'exemple donné par quelques botanistes. — Pour nous le nom de **H. Nægelii** désigne l'ensemble des produits hybrides des **H. Pilosella** et **Florentinum**, quels que puissent être leurs caractères, dans le cas, bien entendu, où l'on ignore l'espèce qui a fourni le pollen et celle qui a donné naissance à l'ovule (lois de la nomencl., par A. DC., 1867, p. 24).

H. LAWSONII *Villars : Burn. et Gr., cat. p. 6.*

M. Arvet-T. nous écrit : « Avec Fries et presque tous les auteurs je pense que le nom de **H. saxatile** Vill. doit être maintenu à cette plante. Jacquin, en effet, sous ce nom, a confondu plusieurs plantes et tout ce que j'ai reçu sous le nom de **H. saxatile** Jacq. appartenait ou m'a paru appartenir comme formes au **H. glaucum** All. ou au **H. bupleuroides** Gmel. »

Reprenons brièvement les faits : en 1789, Villars établit (fl. Dauph. 3, p. 118) ses **H. saxatile** et **Lawsonii**. Ces deux noms, d'après les meilleurs auteurs, s'appliquent à la même espèce (conf. Koch syn., Gren. et Godr., Fries epic., etc.). Or Jacquin en 1767 (obs. 2, p. 30) avait déjà décrit un **H. saxatile**. On n'est pas parfaitement d'accord sur la plante que ce botaniste avait en vue [2], mais elle se rapporte dans tous les cas à une fraction du groupe encore assez obscur du **H. glaucum** (stirps **H. glaucum** Fries). — Neilreich, qui est probablement le botaniste le plus compétent sur cette question, reprend le nom de Jacquin pour l'appliquer à deux variétés principales : **nudicaule** (= **H. saxatile** Jacq. ic.), comprenant le **H. glaucum** d'Allioni et de la plupart des auteurs, et le **H. Illyricum** Fries, puis : **foliatum** (= **H. saxatile** Jacq. obs.), comprenant les **H. bupleuroides** Gmel., **H. saxetanum** Fries, et d'autres. Neilreich dit : « Ohne Grund und gegen das Gesetz der Priorität wird dieser Art (**H. saxatile**) von den meisten Autoren der Name **H. glaucum** All. [3] substituirt. » — L'opinion de Neilreich sur une fraction du groupe des

---

[1] Si nous n'avions eu cette quasi-certitude d'une origine hybride commune, résultant d'observations faites sur le vif entre les parents, nous n'eussions jamais songé à réunir le N° 3 aux deux autres.

[2] Froel. in DC. prod. 7, p. 219 et 220; Koch syn. éd. 2, p. 517; Rchb. ic. fl. Germ., etc., p. 98; Neilr. krit. zus. Hier., p. 30; Fries epic., p. 69.

[3] Il existe dans l'herbier d'Allioni 5 feuilles qui portent le nom de *H. glaucum*; tous ces ex. nous ont paru appartenir à des variations de cette *espèce*. Nous avons examiné la table

Glauca peut être discutée, mais incontestablement le nom de Jacquin, s'il doit subsister, ne peut être appliqué que dans ce groupe seul; on peut abandonner cette dénomination, mais il ne nous semble pas possible de la reprendre pour un autre groupe quelconque. — Villars a fait usage du nom de Jacquin contrairement aux lois d'antériorité. On possède d'ailleurs un nom certain et de même date, de Villars lui-même, pourquoi ne pas l'employer? (A. DC. lois nomencl. art. 55.)

Deux nouvelles stations sont à ajouter pour le **H. Lawsonii** : Rochers dans la partie inf. du vallon d'Ardon!!", près Saint-Etienne aux Monts, 4 août 1883, à côté du H. rupestre All. — Entre le pont de pierre (ponte alto, cartes ital.) et Saint-Etienne aux M., sur les rochers, presque défleuri les 3 et 5 août 1883.

H. GLAUCUM *Allioni; Burn. et Gr., cat. p. 9.*

« Ces formes *α*, *β* et *γ* me paraissent, ainsi qu'à vous, appartenir au même type que celle publiée par la société Dauphinoise sous le N° 2155. Mais ce type est-il bien le **H. glaucum** d'Allioni? J'avoue qu'il me reste bien des doutes à cet égard. Il y aurait une étude très utile à faire sur ce groupe (**Glauca**). Ainsi que vous l'avancez, le **H. saxetanum** Fries (**saxatile** Jacq. p. p.) paraît bien voisin de cette plante! Il est bien difficile d'admettre qu'il en diffère spécifiquement[1]. Dans les uns comme dans les autres, les akènes ne sont jamais complètement noirs, etc. — Nous avons dans nos Alpes une forme beaucoup plus tranchée, à teinte très glauque, à feuilles très entières ou superficiellement sinuées-denticulées, à akènes entièrement noirs à la maturité, à base des pétioles des feuilles radicales de l'année précédente persistant souvent sur la souche, en forme d'écailles, comme les représente la fig. 5 de la table 28 d'Allioni. C'est à cette forme que je crois maintenant devoir réserver le nom d'**H. glaucum** All. » Arvet-T. in litt.

Il conviendra d'ajouter (p. 10) au sujet du type **H. glaucum** les indications : V. V.! (herb. Rostan); B. A. (ann. soc. bot. Lyon, 6ᵉ ann. 1877-78. p. 468).

H. DELASOIEI *Lagger; Burn. et Gr., cat. p. 10.*

« Vos échantillons ne sont pas, à mon avis, le **H. Delasoiëi** Lagger, qui n'est qu'une forme à feuilles étroites du **H. glaucopsis** Gren. et God., ils appartiennent au **H. chondrillæfolium** Fries. epic., p. 67. Cette plante est très remarquable et je la crois spécifiquement distincte du **H. glaucopsis**. » Arvet-T. in litt., 10 jul. 1883.

Nous avons signalé les rapports très étroits qui existent entre le **H. glaucopsis** et le **H. Delasoiëi** du Valais, puis les différences entre nos ex. authentiques de ce

98 des Icones qui sont conservés dans la bibliothèque de Turin (vol. XV, année 1765) qui porte la mention : *H. foliis lanceolatis glaucis, caule brachiato multifloro*, Hall. emend. 2, N° 96. Cette figure, rapportée par Allioni à son *H. glaucum* (Fl. pedem. I, p. 214), appartient à un *H. glaucum* à feuilles inf. assez fortement dentées. — Allioni a souvent reçu des plantes de Jacquin et son herbier en contient un grand nombre, mais nous n'y avons pas trouvé le *H. saxatile* du botaniste autrichien.

[1] Conf. Arvet-T., supp. p. 7.

dernier et ceux des Alpes maritimes. Nous n'avons rien à ajouter sur ce sujet.
— Le **H. chondrillæfolium**, qui paraît fort rare, nous est connu seulement par
l'Epicrisis de Fries (p. 67); sa diagnose peut s'appliquer à quelques-uns de nos
éch. à taille réduite, feuilles très dentées[1], tiges glabres, styles jaunes, etc., mais
les renseignements donnés par Fries sont insuffisants. Nous devons donc nous
borner à signaler l'opinion de M. Arvet-T. qui mérite d'être prise en grande
considération et que nous n'avons aucun motif pour repousser.

En ce qui concerne la distinction spécifique entre le **H. glaucopsis** et le **H. chondrillæfolium**, tel qu'il est représenté dans les Alpes maritimes, nous devons faire
des réserves. Nous pensons que les **H. glaucopsis**, **chloropsis**, **Delasoiëi**, **chondrillæfolium** et **arenicola** ne sont point des types primaires, mais qu'ils constituent un
petit groupe de sous-espèces *affines ;* on ne peut leur accorder le nom d'*espèces*,
d'après le sens qui doit rester attribué à ce mot depuis Linné. — Le congrès botanique de 1867 a admis (conf. A. DC. lois nomencl. art. 8. 9. 10) la hiérarchie
suivante : *espèces*, ce premier groupe étant compris à peu près dans le sens qui
lui a été attribué par Linné, *sous-espèces, variétés, sous-variétés, variations* et *sous-
variations*. Les botanistes qui admettent comme espèces les derniers de ces groupes, commettent une *erreur de nomenclature*, et les auteurs qui énumèrent dans
la monographie d'un genre critique, avec le titre d'espèces, à la fois les anciens
groupes que Linné avait compris sous ce nom et les groupes de dernier ordre
produisent une confusion très regrettable. On peut comparer pareille erreur « à
celle d'un géographe qui désignerait les parcelles de chaque propriété comme
des districts ou les ondulations du terrain comme des collines et des montagnes. » (Conf. A. DC. nouv. rem. nomencl., 1883. p. 51.)

Voici comment on pourrait rédiger les diagnoses comparées des cinq groupes
d'ordre inférieur dont nous venons de parler.

1. H. glaucopsis *Gren. et Godr.;* H. chondrilloides *Vill. sec.
Arv.-T.; non L., Jacq., All.* Feuilles basilaires assez minces, ovales-
oblongues ou oblongues-lancéolées (la plus grande largeur vers le milieu du limbe), atténuées en un pétiole parfois assez distinct, plus ou
moins nettement denticulées, munies de poils denticulés, les caulinaires au nombre de 2 à 5, les inf. sessiles, d'ailleurs pareilles aux
basilaires mais plus petites et parfois subovales[2]; folioles involucrales
obtuses, portant des poils étoilés avec des poils longs non glanduleux,
gén. tous assez nombreux; ligules à dents glabres (dans nos ex.).

Description faite sur 6 ex. Nos **851** et **851** *bis* distribués par la société Dauphinoise.

HAB. Alpes du Dauphiné.

---

[1] On ne peut cependant jamais appliquer à nos ex. ces mots de Fries : folia pinnatifido-
dentata, dentibus patentissimis.

[2] Grenier et Godron (fl. Fr. 2, p. 355) disent du *H. glaucopsis :* feuilles caulinaires,
tantôt 5 à 7 grandes et ovales, tantôt 2 ou 3 plus petites.

— 56 —

2. **H. Delasoïëi** *Lagger*. Feuilles d'un tissu moins mince, les basilaires oblongues-lancéolées ou lancéolées, denticulées ou un peu dentées, munies de poils denticulés, les feuilles caulinaires lancéolées ou linéaires, au nombre de 1 à 3; involucres du précédent; ligules glabres.
Description d'après 7 ex. du Valais et 1 des Grisons.

HAB. Alpes de la Suisse (Valais et Grisons).

3. **H. chloropsis** *Gren. et Godr*. Feuilles de la forme et consistance de celles du H. glaucopsis, mais plus pâles, denticulées ou entières, munies de poils subplumeux, parfois denticulés, et gén. plus abondants, souvent assez nombreux sur la face sup. des feuilles (glabre ou glabrescente dans les deux précédents); tige feuillée du H. glaucopsis, un peu velue (glabre ou glabrescente dans les Nᵒˢ 1, 2, 4 et 5, sauf sous les pédoncules); folioles involucrales moins obtuses et parfois aiguës, avec l'indument de celles des précédents, mais à poils allongés plus nombreux; ligules à dents glabres ou un peu poilues.
Description d'après 6 ex. Nᵒˢ 847 et 847 *bis*, des collections de la société Dauphinoise.

HAB. Alpes du Dauphiné.

4. **H. chondrillæfolium** *Fries* (ex. des Alpes marit.). Feuilles assez fermes, les basilaires nombreuses, oblongues ou lancéolées, sans pétiole distinct, plus ou moins dentées (à dents souvent profondes), munies de poils subplumeux, parfois denticulés, glabres ou un peu velues en dessus, les feuilles caulin. lancéolées ou linéaires, au nombre de 2 ou 3; tiges gén. plus élevées et plus fermes que dans les précédents; folioles involucrales obtuses, toujours munies de nombreux poils étoilés et de poils allongés assez abondants[1], sans poils glanduleux; ligules à dents glabres; capitules plus grands que dans les précédents et le suivant.

HAB. Vallées piémontaises du versant nord de la chaîne des Alpes maritimes. — Alpes du Dauphiné.

5. **H. arenicola** *Godet! in herb." Reuter; Gremli exc. fl. Schw. éd. 4, et neue Beiträge 3 Heft*. Feuilles basilaires oblongues-lancéolées ou lancéolées, superficiellement dentées, munies de poils denticulés ou simples, glabres en dessus, les caulinaires linéaires, au nom-

---

[1] Ces derniers toujours moins nombreux que dans le *H. chloropsis*.

bre de 2 ou 3; tiges de 20 à 25 cm. de haut. env. ; folioles involucrales obtuses, munies de poils étoilés et allongés, tous peu nombreux, mêlés de quelques poils glanduleux [1] : capitules peu nombreux (1 à 3) sur des pédoncules étalés-ascendants ; ligules glabres.

Description faite sur trois ex. de Fribourg en Suisse, envoyés par Lagger sous le nom de **H. saxatile** Jacquin. M. Arvet-T. les a annotés : « J'ai vu cette même plante, sous le nom de **H. saxetanum** Fries! récoltée à la Rappaz, près Sembrancher, par Lagger » (station classique du H. Delasoïëi).

HAB. Suisse : Fribourg, Valais (vallée de Conche); et, d'après une lettre de M. Arvet-T. (2 oct. 1883), les Hautes-Alpes.

La question de savoir s'il convient de réunir ce dernier Hieracium aux quatre autres en un même groupe spécifique, sous le nom de **H. glaucopsis**, ou s'il faut rattacher le **H. arenicola** au type **H. glaucum**, est douteuse pour nous, en raison du petit nombre d'exemplaires que nous avons pu étudier de ce dernier [2].

Les **H. glaucopsis** et **chloropsis** ont un port assez différent de celui des **H. Delasoïëi** et **chondrillælolium**, qui se ressemblent beaucoup; nous croyons les deux premiers plus rapprochés entre eux qu'ils ne le sont des deux derniers !

† 12 *bis*. HIERACIUM BURNATI *Arvet-T. in litt.*

Nous avons récolté cette année près des bains de Vinadio [*] (bassin de la Stura), un Hieracium qui s'y trouvait assez abondant dans les graviers d'un torrent. Cette plante nous était absolument inconnue et nous hésitions sur la place même qu'il convenait de lui attribuer dans la série de nos espèces; l'ayant soumise à M. Arvet-Touvet, nous avons reçu la communication suivante :

« J'ai examiné avec le plus grand soin votre Hieracium de Vinadio ; je n'ai rien en herbier et je ne connais rien qui puisse s'y rapporter. Selon moi, c'est une forme nouvelle et très intéressante qui paraît mériter le rang d'espèce, au même titre que le **H. rupestre** All., avec lequel elle n'est pas sans quelque lointaine analogie. — Par ses caractères et surtout par ses poils fortement dentés ou sub-plumeux, elle appartient à mon groupe des **Mollita** [3] et se place à côté de mon

---

[1] Qui s'observent aussi sur les pédoncules. Nos ex. du *H. glaucopsis* montrent quelques poils glanduleux très rares sous les capitules et parfois même sur les folioles de l'involucre. Les glandes semblent être plus rares encore dans le *H. chloropsis*. Enfin les *H. Delasoïëi* et *chondrillælolium* nous paraissent être absolument églanduleux.

[2] Les matériaux que nous possédons sur les *H. chloropsis, glaucopsis* et *Delasoïëi* (du Valais) ne sont pas suffisants non plus pour une étude absolument définitive. -- Tous nos ex. sont dénués d'akènes bien mûrs.

[3] (Arvet-T. essai classif., p. 5). Entre les sous-sections *Glauca* et *Villosa* de la sect. *Aurella*. — M. Arvet-T. range dans cette sous-section *Mollita* les *H. mollitum, chloropsis, mespilifolium* Arv.-T. et *Pamphilii*. Le premier est une variation peu différente du *H. valdepilosum* (sect. *Prenanthoidea*) avec lequel nous l'avons depuis longtemps placé dans notre herbier. Le second ne peut être énuméré qu'à côté du *H. glaucopsis* (que M. Arvet-T. mentionne avec raison dans sa sous-section des *Glauca*). Nous ne connaissons pas le *H. mespilifolium*, mais le *H. Pamphilii* nous paraît appartenir aux *Villosa* et devoir prendre place à côté du *H. scorzoneræfolium*. — Nous avons déjà dit (p. 12) que le

H. Muteli, dont elle est bien distincte, principalement par la forme, la structure
et la grandeur relative du péricline dont les écailles sont plus longuement atténuées-aiguës, par son réceptacle dont les alvéoles sont munis d'une marge
frangée-fibrilleuse assez prononcée et relevée aux angles d'une dent assez forte,
par sa tige rameuse paniculée, à rameaux étalés ascendants et non souvent
simple, mono-oligocéphale ou à rameaux étalés-dressés comme dans le **H. Muteli**
forma elongata. — Elle s'en distingue encore par sa pubescence étoilée-farineuse
beaucoup plus rare et presque nulle, mêlée dans le haut de la tige et sur les pédoncules de très petits poils articulés et glanduleux, par ses feuilles plus longuement atténuées-aiguës, les inf. et les basilaires assez fortement dentées (ce que
je n'ai jamais vu dans le **H. Muteli**), etc. — Puisque vous m'autorisez à baptiser
cette nouvelle forme, très remarquable, je vous demande de l'appeler **H. Burnati**, etc. »

La formule de ce Hieracium se rapproche en effet de celles des
H. rupestre et *Pamphilii* α.

H. Burnati........	d	g	i	n	p	r	u	w	y β
H. rupestre........	d	g	i	l'm	p	r	l	w	y β
H. Pamphilii α	d	g	k	n	p	r	l/(u)	w	y β

Voici sa description :

Port d'un H. glaucum, mais velu. *Phyllopode*, à *feuilles* glauques,
munies de poils assez nombreux sur les deux faces, à peine plus velues
sur l'inférieure ; *poils* allongés, fortement denticulés ou subplumeux,
étalés et à peine entrelacés ; feuilles *basilaires* dressées, lancéolées ou
étroitement lancéolées[1], longuement atténuées-aiguës, insensiblement
rétrécies vers leur base en un pétiole non ou à peine distinct, tantôt
superficiellement dentées, tantôt très sinuées-dentées ; les *caulinaires*
au nombre de 3 à 5, plus petites que les basilaires, lancéolées à linéaires, subentières ou entières, parfois (surtout les sup.) munies de
quelques poils étoilés sur la côte médiane inf. et même sur le paren-
chyme. *Tige* de 25 à 35 cm. haut., souvent lavée de rouge, assez grêle,
droite, fistuleuse (sur le vif), à côtes peu saillantes, assez fortement
velue sur sa long. entière, à poils étalés dépassant beaucoup le diamètre de la tige, portant dans sa partie sup. des poils étoilés peu nombreux, mêlés de quelques poils glanduleux courts qui se retrouvent,
mais plus rares, sur les involucres et parfois jusque vers le milieu de

---

H. chloræfolium est extrêmement voisin de ce dernier dont M. Arvet-T. l'éloigne considé-
rablement. — Il nous semble donc que la manière dont ces groupes *Glauca*, *Mollita* et
Villosa est présentée dans l'essai de classification (p. 5) devra être entièrement remaniée
et nous avons la conviction que l'auteur arrivera à ce résultat.

[1] Les plus longues env. 130 mm. sur 14 à 18 mm. larg.

la tige. *Capitules* (2 à 11) médiocres (rappelant ceux du H. glaucum α[1]), un peu resserrés vers le sommet à la floraison et ovoïdes-coniques lorsqu'ils sont défleuris, portés sur des *pédoncules* gén. peu allongés, étalés ascendants : parfois la tige présente un ou deux rameaux 1-3 céphales qui partent du milieu de la tige ou plus bas. *Folioles involucrales* à poils allongés nombreux avec quelques poils étoilés, étroitement atténuées-aiguës. *Ligules* glabres. *Styles* jaunes. Bords des alvéoles du *réceptacle* portant des dents très saillantes et denticulées. *Akènes* noirâtres longs d'env. 3 ½ mm.

Description faite sur 16 exemplaires.

M. Arvet-T. a indiqué les principales différences entre ce Hieracium et le **H. Pamphilii (Muteli)**[2]; on le confondra moins encore avec notre **H. Delasoiëi (chondrillæfolium).** Ce dernier, dont le port est très différent, a des feuilles basilaires plus ou moins étalées, plus nombreuses, souvent plus larges et glabres ou légèrement velues en dessus, à dents bien plus accusées, des feuilles caulinaires moins nombreuses et moins développées; des tiges plus fermes, dénuées ou à peu près de poils longs, sans poils glanduleux; des involucres plus grands, très canescents à poils simples moins longs, à folioles obtuses; des alvéoles dont les bords ont des dents moins denticulées-fibrilleuses; des akènes d'un brun rougeâtre foncé, etc. — Il est plus impossible encore de confondre sérieusement cette nouvelle plante avec le **H. rupestre**; son port est totalement différent, rappelant celui du **H. glaucum** (et non celui d'un **Leontodon**); ses feuilles sont toujours velues sur les deux faces; ses tiges assez fortement velues (non glabrescentes) sont plus élevées et plus droites, avec des capitules plus nombreux (2-11 non 1-3), à pédoncules et rameaux étalés-ascendants (non dressés); ses feuilles plus étroites et plus longues, moins nettement dentées, jamais pinnatifides, les caulinaires plus nombreuses; ses akènes plus longs; ses alvéoles enfin ont des bords munis de dents denticulées (non subentières), etc. — Le **Hieracium Burnati** nous paraît devoir être placé dans la section des **Glauca**[3] plutôt que dans celle des **Villosa**. mais il emprunte à la seconde une villosité générale abondante et des folioles involucrales atténuées aiguës. — Dans le voisinage de l'endroit où nous avons récolté cette plante, nous n'avons observé que le **H. staticefolium.**

H. CHLORÆFOLIUM *Arvet-T.; Burn. et Gr., cat. p. 11.*

« C'est exactement ma plante. d'après les ex. que vous m'avez envoyés; dans

---

[1] Les folioles involucrales sont moins inégales et moins imbriquées que dans le *H. glaucum*; les ext. paraissent appliquées.

[2] Comparer la description de ce dernier (p. 61) avec celle qui précède.

[3] Il diffère de nos variétés du *H. glaucum* par la villosité générale abondante de ses feuilles et tiges, dont les poils sont denticulés ou subplumeux; les poils glanduleux de ses pédoncules plus nombreux (souvent nuls dans le *H. glaucum*); les folioles involucrales très atténuées-aiguës (non obtuses), velues avec des poils allongés (plus nombreux et plus longs que dans le *H. glaucum* qui en est souvent dénué); des akènes toujours noirâtres.

nos Alpes, elle a les akènes d'un bai roussâtre ou un peu marron, jamais noirâtres. » Arvet-T. in litt [1].

H. SCORZONERÆFOLIUM *Villars ; Burn. et Gr., cat. p. 12.*

Nous avons récolté fréquemment au col de la Maddalena ** (29 au 31 juillet 1885) une variation de ce type que nous avions déjà observée (col de la Piastra du val Pesio !!**); elle se distingue par une villosité générale bien plus abondante, des feuilles velues sur leur face inf. et parfois en dessus, des involucres très grands avec des poils très nombreux, une tige très élevée (30 à 45 cm.), velue dans toute sa longueur, avec des feuilles basilaires encore vertes à l'époque de la floraison, des caulinaires parfois assez larges; les moyennes largement lancéolées ou ovales acuminées. — Nous ne savons guère voir de différences entre ces échantillons et ceux du **H. elegans** Arvet-T. (supp., p. 5), qui est devenu plus tard le **H. callianthum** Arvet-T. (add., p. 8); quelques-uns d'entre eux ont des feuilles aussi larges que ceux reçus de l'auteur, d'autres à feuilles plus étroites et un peu moins velus représentent à peu près exactement ceux que nous tenons de M. Arvet-T. sous le nom de **H. flexuosum** W. K.

Nous avions omis de mentionner dans notre catalogue ces variations, car elles sont reliées dans nos Alpes, par de très nombreux intermédiaires inextricables, aux formes glabrescentes à feuilles étroites et capitules médiocres qui représentent mieux le type qu'on nomme **H. scorzoneræfolium.** — Il nous est impossible de partager l'avis de M. Arvet-T. qui, dans les notes jointes à l'envoi qu'il a eu l'obligeance de nous adresser, considère comme une bonne espèce le **H. callianthum** (décrit comme tel. l. c.) et paraît disposé à envisager de la même façon son **H. flexuosum.**

Certains de nos échantillons du val Sabbione (p. 12), à feuilles assez étroites et capitules médiocres, sont très velus et leurs poils sont plus ou moins subplumeux.

Enfin nous avons récolté dans la vallée de Ferrière !!** (bassin de la Stura), le 7 août 1883, une variation un peu différente des autres, et qui nous paraît bien représentée par celle reçue de M. Arvet-T. (du grand Veymont, dép. de l'Isère) sous le nom de **H. callianthum** forma **pumila.**

H. Pamphilii *Arvet-T. ; Burn. et Gr., cat. p. 12.*

[1] Ce n'était point sans quelque hésitation que nous avions reconnu ici l'espèce (??) établie par M. Arvet-T. En effet, si l'on compare les divers renseignements donnés sur cette forme (essai, p. 44 ; mon., p. 23 ; supp., p. 7 ; bull. soc. Dauph., N° 1720), on pourrait bien se tromper en l'absence d'échantillons authentiques. L'auteur a séparé d'abord sa plante du *H. villosum* en l'assimilant à une hybride des *H. villosum* et *Grenierianum* Arv.-T., puis il l'a confondue ensuite avec le *H. scorzoneræfolium*, pour l'en séparer plus tard et la rapprocher du *H. calycinum*. Enfin, dans le bulletin de la soc. Dauph. (1878. p. 188), il est dit : « Cette plante se place à côté du *H. glaucopsis.* » — La seconde manière de voir peut se soutenir, mais les rapprochements avec les *H. calycinum, villosum* et *glaucopsis* nous semblent de nature à faire méconnaître les véritables affinités du *H. chloræfolium.*

M. Arvet-T. nous écrit : « Vos ex. n'appartiennent pas à mon **H. Pamphilii,**
mais au **H. Muteli** Arvet-T. spic., p. 25, forma **elongata!** Vous ne tenez pas assez
compte, à mon avis, de la forme et de la grandeur relative du péricline qui est
cependant, sans contredit, une des parties les plus importantes à considérer
dans le genre Hieracium.— Le **H. Pamphilii** a le péricline bien différent, à écailles
toutes très atténuées aiguës, à peu près comme dans le **H. eriophyllum,** dont il est
très voisin[1]. Le **H. Muteli** ne me paraît d'ailleurs pas plus hybride que les **H.
eriophyllum**, **Pamphilii**[1] et **chloropsis**[2]. — Vos ex. du **H. Pamphilii** β **subtomentosum**
n'appartiennent pas non plus à mon **H. Pamphilii!** Par leurs poils franchement
plumeux, ils rentrent dans la section **Andryaloidea** et se placent à côté du **H. lanatum** Vill. C'est peut-être un **H. lanatum** × **Muteli.** Cette forme paraissant bien
caractérisée mérite un nom à part avec le rang provisoire de sous-espèce du **lanatum.** Le nom de **H. sublanatum** a déjà été appliqué par M. Saint-Lager (cat.
bassin du Rhône) et par moi (notes, p.21) à mon **H. pseudo-lanatum.** Je crois avoir
rencontré cette plante dans nos Alpes. »

A la suite de ces observations nous avons repris l'examen des matériaux de
notre herbier et nous modifions ainsi qu'il suit la manière dont nous avions
présenté le **H. Pamphilii.**

H. Pamphilii *Arvet-T. mon., p. 23 [sensu amplo]; Burn. et
Gr., cat. p. 12;* H. lanato × scorzoneræfolium *Arv.-T. l. c.*

Var. α ; H. Pamphilii α *Burn. et Gr. l. c. et exsicc. in herb. mus.
Nic., Boissier, etc.;* H. Muteli *Arvet-T. spic., p. 25! [sec. auct. ips.].*

Cette forme α, nous le reconnaissons, est un peu différente de celle distribuée
sous le nom de **H. Pamphilii** par son auteur et à peine décrite dans l'ouvrage
cité. Mais il nous semble encore aujourd'hui qu'elle ne doit pas être séparée,
même comme espèce d'ordre inférieur, des formes suivantes (var. β et γ.) Nous
la possédons de trois stations en nombreux exemplaires fort semblables entre
eux et dont voici la description.

Port rappelant celui d'un H. scorzoneræfolium, mais très velu.
Feuilles glauques ou glaucescentes, les *basilaires* lancéolées, parfois
oblongues-lancéolées, très rarement oblongues, insensiblement et à
peu près également atténuées vers leur base et leur sommet aigu, sans
pétiole distinct, entières, rarement superficiellement dentées, glabres-

---

[1] M. Arvet-T. (mon., p. 23) a très sommairement décrit le *H. Pamphilii.* Après l'avoir
mentionné comme un hybride, *lanato* × *scorzoneræfolium,* il ajoutait : « Cette plante a
à peu près le port et les principaux caractères du *H. scorzoneræfolium* Vill., mais elle est
laineuse-plumeuse sur toutes ses parties et même fortement à la base et sur le péricline ;
ses poils sont très distinctement plumeux et un peu tortueux-entrelacés, à la manière du
H. lanatum Vill. »

[2] « Je lui soupçonne une origine hybride (au *H. chloropsis*), je l'ai toujours trouvé aux
lieux où l'*H. lanatum* et le *glaucopsis* se rencontrent ensemble et ne l'ai trouvé que là. »
Arvet-T., supp. p. 12.

centes et parfois médiocrement velues en dessus ; portant en dessous
des poils allongés subplumeux, un peu entrelacés et nombreux ; dénuées de duvet étoilé, sauf parfois sur la côte médiane inf. et plus rarement sur la supérieure : feuilles *caulinaires* 3-4, rarement 2 ou 5,
les inférieures de forme pareille aux basilaires, gén. bien plus réduites.
Tiges de 20 à 40 cm. de haut., assez fermes, arquées ou flexueuses,
velues avec des poils longs nombreux étalés, entrelacés et un duvet
étoilé sur leur longueur entière ; assez rarement la tige est glabrescente dans sa partie inf. *Capitules* médiocres ou assez grands (2 à 9,
rarement un seul) portés sur des pédoncules plus ou moins allongés,
dressés ou étalés-dressés, parfois un peu arqués ; dans les grands ex.
la tige est souvent ramifiée dès son quart inf. ou au-dessous. *Involucres* très velus, avec des poils allongés nombreux, entrelacés, ord.
mêlés à des poils étoilés peu abondants (qui manquent rarement),
sans poils glanduleux, dont les pédoncules sont toujours dénués ; folioles involucrales subconformes, appliquées, les int. aiguës ou atténuées-aiguës. *Ligules* glabres. *Styles* livides, plus rarement jaunes
(sur le vif). *Réceptacle* à bords peu saillants et inégalement dentés, à
dents peu développées. *Akènes* noirs ou noirâtres, longs d'env. 4 mm.

Nos notes sur le vif portent : capitules à folioles appliquées, un peu rétrécis
vers le haut (ex. du 4 août 1874) ; puis : capitules florifères subcylindriques, légè-
ment rétrécis dans le haut, à folioles appliquées (ex. du 8 août 1882).

Nous n'insistons nullement sur ce que nous avons avancé touchant l'origine
hybride de cette plante, mais elle ressemble assez (ainsi que le disait M. Arvet-
Touvet de son **H. Pamphilii**, mon. l. c.) à ce que pourrait être un produit du
H. scorzoneræfolium croisé avec le **tomentosum** ; très voisine du premier, elle aurait emprunté au second un indument assez abondant, plus ou moins entrelacé
avec des barbes assez longues sur les poils. De plus ce Hieracium présente une
ramification des tiges que nous n'avons pas observée sur le **H. scorzoneræfolium**,
des involucres à folioles appliquées, les extérieures de même largeur environ que
les intérieures, etc.

Nous avions encore avancé que cette variété α était par rapport au **H. scorzoneræfolium** ce qu'est le **H. eriophyllum** relativement au **villosum**, mais le **H. Pamphilii** α nous paraît être plus constant dans ses manifestations diverses que le
H. eriophyllum, variété assez faible du **villosum**. — M. Arvet-T. a publié, en 1881,
son **H. Muteli** en le désignant comme une variété ou sous-espèce du **H. chloropsis**.
C'est là un rapprochement que nous ne comprenons pas bien et qui n'a pas peu
contribué à nous empêcher de reconnaître notre plante entre celles qui ont déjà
été décrites [1].

---

[1] Si l'on compare notre description à celle donnée dans le *spicilegium*, p. 25, on con-
statera aussi que cette dernière, d'ailleurs très brève, ne s'adapte guère qu'à certains
éch. extrêmement réduits et à feuilles étroites du *H. Muteli*.

Var. β: H. Pamphilii *Arvet-T.!*, *mon. p. 23 et e.rsicc. soc. Dauph.*
N° 479; Magnier fl. sel. exsicc. N° 94.

Cette forme existait dans notre herbier, nous l'avons récoltée avec α, en 1882,
au val Sabbione, en trois beaux éch. seulement. Dans notre monographie manuscrite nous l'avions mentionnée comme une variété du **H. Pamphilii** et nous
avions cru pouvoir la passer sous silence dans notre catalogue résumé [1]. Nous
avions eu tort, car elle méritait bien d'être signalée, et en cela nous nous ran-
geons à l'avis de M. Arvet-T. Nos trois échantillons sont à peu près identiques
à ceux du vrai **H. Pamphilii** que nous possédons du Lautaret dans les collections
de la société Dauphinoise et très rapprochés de ceux distribués par M. Magnier,
de la même station. Voici les différences essentielles entre ces formes α et β qu'il
nous semble bien difficile de ne pas réunir spécifiquement.

Feuilles plus claires et d'un tissu un peu plus mince, dénuées de poils
étoilés, les caulinaires nombreuses (5 ou 6), plus larges, les moyennes
et sup. ovales-acuminées, à base parfois nettement élargie-arrondie,
les basilaires moins larges que les caulinaires, oblongues-lancéolées
ou lancéolées, peu nombreuses et parfois en partie desséchées au moment de la floraison, superficiellement denticulées ; tiges dénuées inf.
de poils étoilés ; capitules un peu plus grands que dans la var. α, à
poils plus abondants et allongés, avec des folioles involucrales un peu
plus atténuées-aiguës et moins appliquées(?) qu'elles ne le sont gén.
dans nos ex. du H. Muteli ; mais ces caractères (attribués aux capitules) varient assez notablement dans ce dernier. — La tige (30 à 40 cm.)
est divisée moins bas qu'elle ne l'est souvent dans les ex. de α de di-
mensions pareilles ; les pédoncules paraissent aussi plus dressés qu'ils
ne le sont ord. dans ce dernier ; les styles sont livides (sur le vif).

Cette var. β rappelle par son port le **H. chloræfolium**, mais elle a une villosité
plus abondante sur la tige, ainsi que sur les feuilles qui sont d'un tissu plus
mince ; ses poils sont subplumeux, ses folioles involucrales très atténuées-aiguës
(non obtusiuscules). Nous ne possédons pas d'akènes mûrs de β des Alpes marit. ;
ils sont noirâtres dans nos ex. du Lautaret, ainsi que dans ceux de α (bruns
roussâtres ou plus ou moins marrons dans le **H. chloræfolium**, d'après une communication de M. Arvet-T.).

Nous devons signaler encore : 1° que nos ex. de β, des Alpes marit., possèdent
des poils subplumeux, tandis que ceux du **H. Pamphilii** du Lautaret les ont parfois simplement denticulés, mais M. Arvet-T. (mon., p. 23) a décrit son **H. Pamphilii** comme étant très distinctement laineux-plumeux sur toutes ses parties ;
2° que les ex. de la société Dauphinoise du **H. Pamphilii** diffèrent un peu de ceux

---

[1] C'est à elle que se rapportaient les éch. à feuilles caulinaires élargies, mentionnés pages
XIX et XXI de notre clef analytique.

distribués par M. Magnier. Ces derniers par leurs feuilles moins minces à peine
denticulées, leurs tiges munies de poils étoilés nombreux et leurs folioles involucrales moins atténuées-aiguës, se rapprochent évidemment du **H. Muteli** dont
ils ont un peu le port.

Var. γ subtomentosum *Nob.* ; H. Pamphilii β subtomentosum *Burn.
et Gr., cat. p. 12.*

Nous maintenons notre manière de voir au sujet de cette troisième variété
déjà décrite (l. c.). C'est ici une forme intermédiaire entre notre var. α et le
H. tomentosum, mais plus rapprochée du premier Hieracium. Sur le sec et sans
l'aide d'une loupe, on distinguerait à peine γ de certains de nos ex. très velus et
à feuilles un peu larges de la var. α. Les folioles involucrales de γ sont identiques à celles de α et non très atténuées-aiguës ni cuspidées. — Quant à la qua-
lification de **subtomentosum**, elle nous semble à la rigueur pouvoir subsister à côté
de celle **sublanatum**[1] ; dans tous les cas notre répugnance à surcharger la nomenclature nous porte à ne pas créer un nom nouveau pour une forme qui ne
nous semble avoir que peu d'importance.

H. VILLOSUM *Jacquin.*

Var. α eriophyllum *Fries ; Burn. et Gr., cat. p. 13.*

Nous avons rencontré deux ex. de cette variété vers Salzo Moreno!! *, au pied
de l'Enchastraye. C'est la seule fois que nous avons observé dans notre voyage
de 1883 (hautes vallées de la Stura et de la Tinée) cette plante qui est si répandue dans la partie orientale de notre circonscription. M. Arvet-T. nous écrit
qu'elle n'est pas rare dans les Alpes du Dauphiné, spécialement au Lautaret,
dans tout le massif du Pelvoux et au Mont-Cenis.

Dans ces ex. de 1883, on trouve quelques ligules munies de poils très longs,
observation que nous avions déjà faite sur certains **H. eriophyllum** des Alpes
marit. de Mondovi. Ces poils, parfois assez nombreux, s'observent vers l'extrémité et aussi sur la face ext. entière de certaines ligules.

H. SUBNIVALE *Grenier et Godron [sensu amplo].*

Var. α *Burn. et Gr., cat. p. 15 ; Gren. et Godr. fl. Fr.*

Ajouter aux stations mentionnées la suivante qui se trouve tout à fait à
l'ouest de notre circonscription et sur territoire français : près du sommet du col
de Pourriac!! *, versant de Salzo Moreno, 7 août 1883. Nous n'avons trouvé que
deux ex. à peine en fleur appartenant bien à notre var. α, mais leurs folioles
involucrales sont aussi obtusiuscules que dans la variété suivante.

---

[1] Le *H. sublanatum* Arvet-T. est pour nous une variation du *H. pellitum* Fries. — Ce
nom de *sublanatum* est venu remplacer dans les *Notes* celui de *pseudolanatum*, sans doute
par suite des critiques adressées par M. Saint-Lager (ann. soc. bot. Lyon 1880, p. 67)
aux noms tirés de langues différentes. Voir à ce sujet A. DC. nouv. rem. nom. bot. 1883,
p. 43.

Var. β anadenum *Burn. et Gr. l. c.*

M. Arvet-T. nous écrit : « Votre **H. subnivale** var. β, **H. anadenum** (sp. ?) Burn. in litt., est à peu près au **H. subnivale** ce que le **Rhæticum** Fries est à l'**alpinum** [1] et mérite, à mon sens, de former une sous-espèce, par la forme de son péricline, celle de ses akènes [2], ainsi que leur couleur, par son port très différent, beaucoup plus strict-rigide, par ses feuilles presque acuminées, souvent dentées, etc. J'ai trouvé le **H. subnivale** à deux capitules, rarement à trois, mais jamais avec ce port. Cette plante mérite de nouvelles recherches; elle constituerait, si ses caractères se confirment et se généralisent, un des ornements de votre Flore! »

H. GLANDULIFERUM *Hoppe; Burn. et Gr., cat. p. 16.*

La forme la plus répandue dans nos Alpes possède des feuilles vertes ou un peu glaucescentes, et des tiges à poils glanduleux nombreux sur leur longueur presque entière, tandis que les poils longs non glandulifères sont nuls ou rares, surtout dans la partie inf. de la tige.

Nous avons rencontré cette année les variations suivantes :

1° Feuilles glauques, velues sur les deux faces; la moitié inf. de la tige porte des poils longs, souvent très nombreux. mêlés à des poils glanduleux rares; tiges ord. plus élevées (20 cm.)

Pentes de l'Enclause!!** dominant le lac du col de la Maddalena.

2° Feuilles vertes, glabres ou glabrescentes; la moitié inf. de la tige environ est glabre; tiges de 10 à 20 cm., gén. nues et monocéphales, mais portant parfois 2 ou 3 capitules et 2 ou même 3 feuilles.

Entre Bouziès et Salzo Moreno!!*, bassin sup. de la Tinée.

3° Feuilles vertes, glabres ou un peu velues, à limbe un peu plus large que dans notre type; tiges plus grêles, de 10 à 20 cm., portant des poils glanduleux moins nombreux, ord. nuls vers le bas de la plante; involucres moins velus que dans nos autres variations.

Nous possédions déjà cette forme de M. Reverchon (prairies des Tourres, près Villeneuve d'Entraunes!*, haute vall. du Var) et venons de la retrouver, très abondante, au col de la Maddalena!!*.

Nos ex. du N° 3 rappellent beaucoup ceux du **H. absconditum** Huter exsicc. ann. 1874 et 1875!, du Tyrol. Ces derniers diffèrent seulement des nôtres par leurs feuilles encore plus élargies, atténuées en pétiole plus distinct. — M. Arvet-T. (spic., p. 26) rapporte ce **H. absconditum** à son **H. ustulatum** (mon., p. 26), mais ce dernier nous paraît être plus voisin du **H. armerioides** dont il diffère par ses folioles involucrales moyennes obtusiuscules ou moins aiguës; ses akènes sont

---

[1] Nous ne comprenons pas bien cette comparaison. Le *H. Rhæticum* Fries diffère surtout de l'*alpinum* par ses feuilles basilaires très dentées ou pinnatifides (non entières ou sinuées-dentées), ses folioles involucrales ext. appliquées (non lâches), les int. atténuées-cuspidées, très étroites (non acuminées), les styles très livides (non ord. jaunes). Les tiges portent souvent 2 et même 3 capitules, ce que l'on rencontre aussi, mais bien plus rarement, dans le *H. alpinum*.

[2] Les akènes, de forme pareille dans α et β, ont 2 ½ à 3 mm. long.

d'un brun rougeâtre; sa tige est très glanduleuse, à poils longs peu abondants, et ses feuilles portent des poils assez longs et subétalés.

H. ARMERIOIDES *Arvet-T.; Burn. et Gr., cat. p. 16.*

Nouvelles stations à ajouter à celles déjà mentionnées :

Vallon de Valasco, près des bains de Valdieri!!˙˙, — Col del Ferro et partie sup. de la vallée de Ferrière qui y conduit!!˙˙. — Environs du lac du col de la Maddalena!!˙˙.

M. Arvet-T. nous écrit : Tous les échantillons que vous m'avez envoyés appartiennent à la variété **trichocladum** (classif., p. 6), **H. trichocladum** (mon., p 28), qui se distingue du type principalement par ses feuilles toujours vertes-glaucescentes sur le sec et lâchement couvertes de poils fins ordinairement très crispés, etc., conf. l. c.

Nous possédons le **H. trichocladum** sous le N° 1290 soc. Dauph. exsicc. 1875 et le **H. armerioides** typique : N° 468 soc. Dauph. exsicc. 1874. Ces échantillons correspondent assez bien avec les descriptions citées (mon., p. 27 et 28). Il est possible que dans le Dauphiné il y ait là deux variétés assez constantes, mais à coup sûr le **H. trichocladum** n'aurait pas dû être présenté comme une espèce (d'origine hybride) et énuméré dans la monographie des *Hieracium* du Dauphiné comme unité de même valeur que les anciens types spécifiques d'un tout autre ordre, tels que les **H. piliferum, subnivale, glanduliferum, saxatile, villosum**, etc. Dans les Alpes maritimes nous possédons à côté de quelques spécimens des deux formes, décrites sous les noms de **H. trichocladum** et **armerioides**, des variations intermédiaires beaucoup plus nombreuses. Très généralement nos **H. armerioides** ont des feuilles dénuées de poils étoilés, même sur leur côte médiane inf., leurs poils simples sont assez longs et non crépus; la pubescence et la glandulosité de la tige varient énormément ainsi que la couleur des feuilles sur le sec et ces caractères n'ont pas de relations entre eux.

Ainsi que nous l'avons dit (p. 16) ce *Hieracium* nous paraît toujours bien distinct des espèces voisines; il en diffère par des caractères assez constants, bien que difficiles à fixer dans une diagnose. Une fois qu'on l'a compris, il est facile à reconnaître au premier aspect. Il n'est pas très rare sur les deux versants des Alpes maritimes et des Alpes cottiennes jusqu'en Savoie, près de Saint-Jean-de-Maurienne, puis se retrouve çà et là dans les Alpes pennines (Saint-Bernard et Simplon). Nous serions très portés à le considérer (avec le **H. subnivale**) comme un type de premier ordre.

H. ALPINUM *Linné; Burn. et Gr., cat. p. 17.*

Ajouter après l'hab. de cette espèce : V. V.! (herb. Rostan). Le **H. alpinum** est indiqué dans plusieurs stations des Alpes du Dauphiné, mais peu répandu, d'après Verlot (cat. p. 219); il n'est pas mentionné dans les Basses-Alpes (cat. in bull. soc. bot. Lyon. p. 475).

H. JURANUM *Fries; Burn. et Gr., cat. p. 17.*

Ce Hieracium a été trouvé dans le dép. du Var, dans la forêt de Brouis (conf. bull. soc. bot. Fr., 1883, p. 70). Cette station est voisine de nos limites occidentales.

Nous avons omis de mentionner une de nos variations intéressantes de cette sous-espèce. Elle diffère de toutes celles que nous avons observées jusqu'ici dans nos Alpes par : sa villosité générale très abondante, à poils fortement denticulés ou subplumeux ; ses feuilles glaucescentes un peu fermes, les inférieures rapprochées des basilaires qui sont atténuées en un pétiole large et court à peine distinct, les moyennes et sup. assez réduites : la tige et les rameaux fermes et raides ; enfin les involucres un peu plus grands et plus larges que dans nos autres variations. — Les feuilles caulinaires sont au nombre de 6 à 8, les inf. parfois légèrement panduriformes, obscurément dentées, les ligules ont des dents plus ou moins poilues, les styles sont livides, les akènes (mûrs ?) d'un brun rougeâtre, enfin les alvéoles du réceptacle ont leurs bords dentés-subfibrilleux.

Cette variété rappelle par son port le **H. thapsoides** Arv.-T. mon., p. 33 que son auteur a décrit comme un hybride des **H. lanatum** (tomentosum) et **Juranum**, mais ce Hieracium (qui est aussi hypophyllopode) est plus velu, grisâtre, à poils entrelacés franchement plumeux, et les poils glanduleux de ses pédoncules sont nuls ou à peu près, ses feuilles caulinaires moyennes sont plus larges (plus ou moins ovales et non ovales-oblongues), les inf. moins embrassantes et non subpanduriformes, enfin ses folioles involucrales sont gén. acutiuscules (non plus ou moins obtuses).

Nous avons trouvé la variété ci-dessus décrite dans le vallon Erberg, près de l'allanfre!!'', le 1ᵉʳ août 1882.

H. VALDEPILOSUM *Villars : Burn. et Gr., cat. p. 19.*

Stations à ajouter à celles indiquées (l. c.) :

Près de Ferrière!!'', sur le chemin du col del Ferro (7 ex.). — Col entre Bouzies et Salzo Moreno!!' (10 ex.).

Les premiers ex. se rapprochent du **H. villosum** par leur teinte glauque, leur indument général abondant, leurs pédoncules fort peu glanduleux, leurs feuilles inf. non panduriformes, les moyennes très larges, ovales-acuminées, à base élargie et demi-embrassante ; les capitules sont de la dimension de ceux du **H. villosum**. Ces ex. sont hypophyllopodes, leurs akènes nous manquent. — Nous possédons à peu près cette même variation des environs d'Esteng (Reverchon leg.), mais à feuilles moins glauques, un peu moins velues, les basilaires et inf. entièrement desséchées, à pédoncules plus glanduleux.

Les seconds ex. sont strictement aphyllopodes, à feuilles inf. gén. subpanduriformes, à pédoncules plus glanduleux, à villosité générale moins accusée, capitules moins grands, etc.; ils se rapprochent davantage que les précédents du

H. prenanthoides et ne diffèrent par aucun caractère essentiel des variations que nous possédons déjà. — Enfin dans la même station, près de Salzo Moreno, nous avons récolté 3 ex. d'une forme à peu près intermédiaire entre les deux dont nous venons de parler, quant à l'indument et la forme des feuilles, mais les folioles involucrales sont atténuées-cuspidées et les ligules glabres, caractères du **H. villosum**. Les akènes sont d'un brun assez clair. Ces ex. ont, comme les autres, récoltés dans la même station, une taille assez élevée (25 à 50 cm.).

H. RAMOSISSIMUM *Schleicher; Burn. et Gr., cat. p. 20.*

Nous avons récolté la var. β **conringiæfolium** dans une nouvelle station : entre les bains de Vinadio et les Planches!!**, 27 juill. 1883. — Ces ex. présentent quelques poils allongés entre ceux glanduleux qui recouvrent les feuilles; leurs akènes sont d'un brun assez foncé.

Le **H. ramosissimum** β a été trouvé dans les montagnes de Lachen et de Brouis (Var), près de nos limites, d'après Arv.-T. notes, p. 14.

H. LANTOSCANUM *Burn. et Gr., cat. p. 22.*

Une nouvelle station est : partie sup. de la vallée de Ferrière, sur le chemin du col de Pourriac!!*, assez abondant (ex. à styles livides).

M. Arvet-T. auquel nous avons adressé des ex. bien caractérisés de notre Hieracium nous écrit : « C'est là ce que j'ai toujours pris pour le **H. picroides** Vill.! J'ai reçu cette plante de Suisse, Savoie, des Basses-Alpes, Pyrénées, etc.: elle ne paraît nullement hybride. »

Nous ne connaissons le **H. picroides** que du Tyrol, d'où nous le possédons sous les formes **H. macrocephalum** Huter, Fries epic., p. 118, **H. lutescens** Huter, Fries l. c. et **H. Huteri** Hausmann; puis de la Suisse (**H. intybaceum** ✕ **ochroleucum** Favrat ms. = **H. picroides** Vill. sec. Christ. Hier. Schw., p. 21) en nombreux exemplaires. — Nous avons déjà signalé les étroites relations et parfois l'identité de ces formes avec notre **H. Lantoscanum**, mais il est bien certain aussi que ce dernier est souvent si rapproché du **H. intybaceum** que nous l'en distinguons difficilement. Ce n'est pas sans avoir beaucoup hésité que nous avons constitué dans notre catalogue une sous-espèce distincte de l'**intybaceum** pour la plante des Alpes maritimes. Nous avons dit aussi que Fries avait pris des échantillons très complets du **H. Lantoscanum** de la Madone de Fenestre, de l'herbier Reuter, pour le **H. intybaceum** et non pour le **H. picroides** qu'il connaissait parfaitement, au moins quant aux formes du Tyrol et de la Suisse, car il ne cite pour la France que les Basses-Alpes, d'après Jordan. Bourgeau et Cosson, Thuret et Bornet avaient identifié aussi les **H. Lantoscanum** et **intybaceum**.

Nous n'avons rien à ajouter à ce que nous avons dit au sujet des caractères de notre **H. Lantoscanum**; il y a là un problème qui reste à résoudre et dont nous croyons avoir exposé les principales données. Néanmoins, pour compléter les renseignements sur les formes voisines, nous décrirons brièvement celles que nous possédons en herbier comme appartenant au **H. picroides**, et que Fries a certainement comprises toutes sous ce nom.

1° *Du Valais (Grimsel)*. — Cette forme est, par son port et ses caractères, la plus rapprochée des **H. intybaceum** et **Lantoscanum** : elle est phyllopode ou hypophyllopode ; les feuilles portent des poils tous glanduleux ou mêlés de poils allongés non glandulifères toujours moins nombreux que les premiers, les folioles de l'involucre montrent des poils étoilés plus ou moins nombreux, les ligules sont glabres, les styles très livides et les akènes d'un brun rougeâtre assez foncé.

Ces éch. diffèrent du **H. intybaceum** par leurs écailles bractéiformes et leurs folioles involucrales ext. moins allongées, par la présence fréquente de poils allongés sur les feuilles, celle de poils étoilés gén. nombreux sur les involucres, enfin par l'absence de feuilles basilaires sur certains ex. en fleurs. Les feuilles sont souvent moins dentées et relativement moins allongées que dans le **H. intybaceum**. Cette plante du Valais ne se distingue guère du **H. Lantoscanum** que par la présence fréquente de poils non glanduleux sur les feuilles, des ligules glabres (dans nos ex.) et des styles (toujours ?) jaunes.

2° *Du Tyrol ;* ex. distribués par Huter (env. de Lienz et de Kals, 1872 et 1878), sous le nom de **H. picroides** Vill. — **H. Huteri** Hausmann. — Nos échantillons (17) sont tous aphyllopodes ; ils diffèrent de ceux du Valais en ce qu'ils sont plus élevés (jusqu'à 40 cm.) ; leurs feuilles montrent des poils glanduleux et non glanduleux en nombre à peu près égal, elles sont plus courtes et plus larges que dans les ex. du Valais, avec une base souvent demi-embrassante et même subcordée et embrassante ; les involucres noirâtres sont dénués de poils étoilés. — La figure de Villars (voy. p. 22, pl. I) pourrait à la rigueur s'appliquer à quelques-uns de ces éch. du Tyrol à feuilles courtes, mais en aucun cas à nos ex. du Valais.

3° *Du Tyrol ;* ex. de Huter (env. de Lienz et de Kals, 1872), sous le nom de **H. macrocephalum** Huter, que Fries a rapporté comme variété élevée au **H. picroides**. — Ils diffèrent des précédents par leurs feuilles à poils glanduleux encore moins nombreux, des capitules plus grands à folioles involucrales moins obtuses et parfois subaiguës, munies de poils étoilés peu nombreux, des ligules en partie faiblement poilues, des akènes (mûrs ?) d'un jaune brunâtre très pâle. — Le caractère attribué par Fries au **H. picroides** : *achænia helvola*[1] s'appliquerait peut-être mieux à cette forme N° 3 qu'aux précédentes dans lesquelles les akènes sont d'un brun rougeâtre foncé.

4° *Du Tyrol* (Schultz herb. norm. nov. ser. cent. 12, N° 1157 et Huter exsicc. ann. 1874) sous le nom de **H. lutescens** Huter. — Les feuilles sont à peu près celles des N° 2 et 3, mais plus élargies dans leur moitié inf. et à base plus embrassante, à nervures plus anastomosées en dessous, à poils glanduleux rares ; les folioles involucrales (obtuses comme dans les N° 1 et 2) portent des poils étoilés assez nombreux ; les ligules ont les dents glabres ou faiblement poilues ; les akènes (mûrs ?) sont d'un rouge clair. — Le **H. ochroleucum**, var. **piliferum** Gremli (exc. fl. Schw. éd. 4, p. 284) est plus rapproché de cette variation N° 4 que,

---

[1] *helvolus, speissgelb*, graulichgelb mit etwas Braun ; nach andern dunkelgelb mit röthlichem Braun (Bischoff, Lehrbuch d. Botanik, Anhang, ann. 1839).

de toutes les autres et il n'en diffère guère que par ses akènes encore moins foncés, ses involucres munis de poils étoilés plus nombreux, ses ligules franchement poilues, ses feuilles parfois subpanduriformes, encore plus nettement réticulées-veinées en dessous, enfin par ses capitules gén. plus rapprochés au sommet de la tige. Mais ces caractères sont faibles.

Nous voyons que le **H. picroides**, par cette série de formes extrêmement voisines, touche d'un côté au **H. intybaceum** (section VI **Pseudo-Stenotheca** de Fries), par le **H. Lantoscanum** et la forme valaisanne du **H. picroides**. D'un autre côté, le **H. picroides** confine au **H. ochroleucum** (section II **Prenanthoidea** de Fries) par la forme **H. lutescens** du Tyrol. — Fries avait autrefois réuni dans le Symbolæ le **H. picroides** et l'**ochroleucum** (**cydoniæfolium** Fries, non Vill. sec. Arv.-T. mon., p. 41); il a eu tort de les énumérer à une grande distance du **H. intybaceum** dont il les a séparés par les séries des **H. boreale** et **umbellatum**.

Quant au groupe dont nous venons d'énumérer les membres, nous serions disposés, à la suite de ce nouvel examen, à en considérer les éléments comme suit : **H. intybaceum**, type spécifique de premier ordre; **H. Lantoscanum** des Alpes marit. et **H. picroides** du Valais (N° 1), formes intermédiaires; **H. picroides** (N° 2) du Tyrol avec sa variété **macrocephalum** (N° 3), espèce de second ordre; **H. lutescens** (N° 4), forme intermédiaire; **H. ochroleucum** et sa variété **piliferum**, espèce de premier ordre. Mais l'étude de ces diverses formes du Tyrol et du Valais devra être complétée par celle des plantes similaires de la France (Savoie, Basses-Alpes et Pyrénées) dont nous n'avons pas vu d'échantillons.

H. AMPLEXICAULE *Linné; Burn. et Gr., cat. p. 25.*
Var. β ambigens *Burn. et Gr. l. c.*

M. Arvet-T. nous écrit : « Cette forme appartient au **H. viscosum** et non à l'amplexicaule! Le **H. viscosum** n'est pas un hybride, conf. notes p. 14. »

Nous avions simplement rapporté, à titre de renseignement, et dans le but de mieux caractériser cette plante, l'hypothèse d'une origine croisée, acceptée autrefois par son auteur (supp. p. 26), mais nous ne l'avons pas admise davantage que pour divers autres hybrides décrits par M. Arvet-T. (**H. armerioides**, mon. p. 27, **H. chloræfolium**, essai p. 44; **H. subalpinum**, supp. p. 23; **H. chloropsis**, supp. p. 12, etc.). — Si l'on consulte les divers ouvrages de notre confrère (mon. p. 41, 1873; supp. mon. p. 26, 1876; spicil. p. 34, 1881; notes p. 14, 1883) et les collections de la société Dauphinoise. on verra que les opinions de l'auteur ont notablement varié sur le groupe spécifique qu'il avait établi en 1873 avec le nom de **H. lactucæfolium**: il en résulte quelque confusion et il n'est pas toujours facile de suivre ces variations sans s'égarer quelque peu.

En 1876 (supp. l. c.), le **H. viscosum** a été décrit pour la première fois et séparé du **H. lactucæfolium**. il est caractérisé par : « ses feuilles radicales *toujours persistantes*[1] et non détruites sous l'anthèse, *distinctement réticulées veinées en dessous, sa panicule ord. courte et corymbiforme*, plus rarement un peu allongée, ses feuilles caulinaires inf. un peu étranglées au-dessus de leur base, etc. La

----

[1] Les mots en italiques sont tels dans le texte cité.

patrie de ce Hieracium est la Provence et le Dauphiné. — En 1881 (spic. l. c.), le **H. lactucæfolium** est divisé en quatre variétés ou sous-espèces, entre lesquelles un **H. Helveticum** Arv.-T. (non Suter) spécial à la Suisse. Le **H. viscosum**, qui subsiste comme espèce, est signalé dans les Pyrénées sous une forme nouvelle que l'auteur nomme **neopicris**. — Enfin, en 1883 (notes l. c.), le **H. lactucæfolium** est divisé en trois sous-espèces entre lesquelles le **H. viscosum**. Ce dernier présente des caractères différents, ainsi : « *hypophyllopode* à feuilles radicales existantes ou détruites sous l'anthèse et paraissant aphyllopode, feuilles obscurément réticulées veinées en dessous, à tige simple ou *souvent rameuse dès sa base ou à peu près*, les caulinaires nullement ou obscurément panduriformes, etc. » Il n'est plus fait aucune mention de la forme **H. Helveticum**; par contre la patrie du **H. viscosum** est indiquée comme étant, outre la Provence et le Dauphiné, encore le Valais et le Piémont.

Nous n'avons observé jusqu'ici dans le Valais que notre **H. ramosissimum Schleicheri** (**H. Helveticum** Arvet-T. non Suter). D'un autre côté nous ne parvenons pas à comprendre le type **H. viscosum** tel qu'il a été modifié dans les notes de 1883. Nous en sommes restés en conséquence à la forme bien caractérisée et nette pour nous qui a été décrite dans le supplément à la monographie[1]. Des exemplaires authentiques de cette dernière forme ont d'ailleurs été distribués sous le N° 1726 de la société Dauphinoise[2] et nous en avons reçu de l'auteur lui-même (ex. de 1878 et 1879).

Pour en revenir au **H. amplexicaule** var. **ambigens**, nous rappellerons que nous avons déjà signalé (p. 25) cette forme comme extrêmement voisine de celle que M. Arvet-T. nommait autrefois **H. lactucæfolium Helveticum**, et nous ne serions pas très surpris qu'après nouvel examen on la réunît à ce dernier, mais nous maintenons que notre variété est parfois extrêmement difficile à distinguer du **H. amplexicaule**, au moins sur le sec. Dans tous les cas et après minutieux examen, nous la considérons comme bien plus éloignée de l'ancien **H. viscosum** de M. Arvet-T. (soc. Dauph. 1726, et supp. mon., p. 26).

---

[1] Avec la réserve toutefois que les feuilles basilaires sont parfois en partie desséchées à la floraison. — Il n'est pas donné à tous les botanistes de pouvoir s'acharner sur divers genres critiques en y consacrant un temps considérable pour arriver à dégager enfin certains types sur lesquels leur auteurs eux-mêmes ont parfois varié. Aussi nous comprenons que M. Rouy (budl. soc. bot. Fr. 1882, p. 349) ait écrit récemment qu'il n'admettait le *H. viscosum* que comme une variété du *H. amplexicaule* « à taille élevée, feuilles plus minces, plus grandes, plus nombreuses sur la tige, etc. » Nous pensons qu'en s'en tenant au type primitif de l'auteur, tel qu'il l'a distribué et décrit autrefois, en consultant aussi les renseignements que nous avons donnés, on reconnaîtra que nous avons affaire ici non à une variété, mais à une *forme intermédiaire* très caractérisée entre les *H. amplexicaule* et *prenanthoides*. Tels sont aussi les *H. ramosissimum Schleicheri* et *conringiæfolium*; le premier plus voisin de l'*amplexicaule*, le second du *prenanthoides*. Il faut bien admettre l'existence de telles formes, non hybrides, entre les types les mieux caractérisés, tant dans les Rosa que dans les Hieracium (conf. supp. Roses Alp. marit., p. 69, 70, 83).

[2] Le N° 853 de la soc. Dauph. (sub : *H. lactucæfolium* Arvet-T.) est le *H. ramosissimum conringiæfolium*. Le N° 853 bis (sub : *H. lactucæfolium var. Helveticum*) est le *H. ramosissimum Schleicheri* Burn. et Gr.

H. PEDEMONTANUM *Burn. et Gr., cat. p. 27.*

M. Arvet-T. nous écrit : « Il m'est impossible de distinguer cette plante de mon **H. Valbonnense**! notes. p. 18. »

Nous n'avons pas vu d'ex. de ce dernier Hieracium; la description citée ne mentionne pas les poils subplumeux si caractéristiques de notre plante. Quant au soupçon émis par l'auteur, que le **H. Valbonnense** pourrait être un hybride des **H. amplexicaule** et **pallidum** (**Schmidtii**), nous ne pouvons le concevoir à aucun titre pour notre plante[1].

D'après une lettre de M. Arvet-T., le **H. Valbonnense** croît sur les escarpements du Verdon, près d'Aiguines (dép. du Var).

H. Ligusticum *Fries; Burn. et Gr., cat. p. 27.*

« Je ne puis également distinguer cette plante du **H. pulmonarioides** Vill. » Arvet-T. in litt.

H. HUMILE *Jacquin; Burn. et Gr., cat. p. 29.*

Nouvelle station :

Rochers près d'Argentera, haute vall. de la Stura!!‘‘, abondant. — Nous l'avons retrouvé également dans la station citée, d'après l'herbier de Lisa : à la Barricade, vallée sup. de la Stura (ou de Vinadio).

H. BORNETI *Burn. et Gr. l. c.*

« Cette plante est intermédiaire entre les **H. hispidulum** et **heterodon**. Elle a tous les caractères essentiels de l'**heterodon**! Elle est comme lui toute hérissée de poils blancs, fortement dentés ou subplumeux, raides, étalés, etc. Les dents des ligules sont glabres, les styles d'un beau jaune, les écailles du péricline atténuées-aiguës; la couleur de la plante est la même, la tige est profondément divisée en deux ou trois pédoncules l'égalant ou la surpassant en longueur; elle a comme lui de rares petits poils glanduleux sur toutes ses parties. Elle en diffère par sa taille très réduite, par ses pédoncules moins dressés (ord. ascendants?) et plus grêles, par son péricline plus petit, par ses feuilles plus obtuses et peut-être moins dentées. Elle ne se rapproche que par la taille de l'**H. hispidulum** qui n'a d'ailleurs pas les poils subplumeux, etc. Peut-être est-ce une espèce propre ou plutôt une sous-espèce? Peut-être n'est-ce qu'une variété naine de l'**H. heterodon** ? » Arvet-Touvet in litt.

Nous n'avons point vu d'échantillons du **H. hispidulum** (**H. squalidum** Arvet-T. ß **hispidulum** Arv.-T. spic., p. 28) ni du **H. heterodon** Arv.-T. mon., p. 31 (**H. fistulosum** Arv.-T. essai. p. 47), et ne saurions dès lors discuter sérieusement les rapprochements signalés. Nous nous bornerons à relever les différences qui ressortent des descriptions publiées sur cette seconde espèce(?).

---

[1] Le *H. Valbonnense* est rapporté par M. Arvet-T. comme variété à son *H. urticaceum*. Ce dernier nom date de 1876, et comme il désigne le Hieracium nommé en 1879 *H. Reichenbachii* par M. Verlot, cette dernière dénomination doit disparaître.

Le **H. heterodon** (mon., l. c.) a : « les feuilles radicales lancéolées, atténuées en pétiole, incisées dentées ou dentées, les caulinaires au nombre de 3 à 5 ; tiges de 15 à 30 cm. : pédoncules dressés-étalés (stricte erectis, essai l. c.), écailleux et souvent renflés-fistuleux sous la calathide, à la manière du Leontodon pyrenaicum, le péricline à écailles aiguës, subimbriquées et lâchement appliquées. Cette plante a un peu le port d'un **H. alpinum** et presque les feuilles d'un **H. humile**, mais plus lancéolées, plus atténuées au sommet et à la base ; elle est extrêmement voisine du **H. lacerum** Reuter et n'en est peut-être pas spécifiquement distincte. » — Des poils subplumeux qui caractérisent si bien notre plante relativement aux **H. humile** et **lacerum** il n'est fait nulle mention.

Le **H. Borneti**, que nous avons récolté en 40 ou 50 exemplaires et dont il nous est resté 21 pour la description, a : feuilles radicales ovales ou oblongues-ovales, gén. brusquement contractées en pétiole, très obtuses, subentières ou munies vers leur base de quelques dents peu saillantes, les caulinaires au nombre de 2, l'inf. non atténuée à sa base un peu élargie ; tiges de 5 à 10 cm. : pédoncules ou rameaux arqués-ascendants, à écailles rares ou nulles, et non renflés à l'extrémité ; le péricline à écailles ext. aiguës ou atténuées-aiguës, les int. souvent atténuées-cuspidées, appliquées (comme dans le **H. humile**, sur le sec). La plante n'a pas la moindre ressemblance avec le **H. alpinum** et diffère beaucoup du **H. lacerum** Reut. [1] que nous avons souvent récolté en Suisse.

Le **H. Borneti** diffère du **H. lacerum** par : un port totalement différent, une teinte grisâtre et parfois glaucescente, des poils subplumeux (non simples ou denticulés faiblement), la forme de ses feuilles basilaires et inf. (non toujours lancéolées et incisées-dentées ou pinnatifides), sa tige paucifoliée (non munie de 2 à 5 feuilles), ses pédoncules à écailles rares ou nulles (parfois nombreuses dans nos ex. du **H. lacerum**), ses folioles involucrales aiguës ou atténuées et même cuspidées (non obtuses ou obtusiuscules), les bords des alvéoles du réceptacle très dentés et subfibrilleux (non munis d'un petit nombre de dents assez larges). Enfin par sa glandulosité ord. moins rare, surtout sur la tige, les poils non glandulifères étant bien plus nombreux sur toutes les parties de la plante.

H. RUPESTRE *Allioni ; Burn. et Gr., cat. p. 30.*

« C'est très exactement la plante que nous avons publiée sous ce nom dans les coll. de la soc. Dauph. N° 482. Cette espèce n'est connue que d'un très petit nombre d'auteurs. » Arvet-T. in litt.

Station à ajouter à celle de la page 30 : Rochers dans la partie inf. du vallon d'Ardon !! , près Saint-Etienne-aux-Monts, 4 août 1883, à côté du H. Lawsonii.

H. Tendæ *Burn. et Gr., cat. p. 31.*

M. Arvet-T. a annoté les trois ex. qui nous restent de cette plante : « Cette forme du **H. farinulentum** Jord. est celle de presque toutes nos Hautes-Alpes : le

---

[1] Ce Hieracium, que Fries a certainement eu tort de placer dans une section différente de celle dans laquelle il a compris le *H. humile*, n'est à notre avis qu'une variété de ce dernier.

nom de **farinulentum** serait peut-être préférable à celui de **pictum** qui est moins exact et qui comprend aussi en partie, d'après les échantillons authentiques qui m'ont passé sous les yeux, une forme à feuilles tachées du **H. rupestre** All. »

Nous n'avons rien à ajouter à ce que nous avons dit sur les rapports de ce Hieracium avec les **H. rupestre** et **pictum**; il est fort possible que sa place soit dans les variétés de ce dernier, mais il nous a été impossible de l'identifier, soit avec le type suisse de Schleicher, soit avec la variété **farinulentum** de Jordan que nous avons vue de nombreuses provenances.

La description de Persoon qui est l'auteur du **H. pictum**, est très imparfaite; il ne signale pour la patrie de sa plante que la Suisse, avec doute, en citant Schleicher. Or les ex. de l'herbier de ce dernier botaniste appartiennent à un Hieracium assez répandu en Valais et qui se retrouve dans la partie orientale du canton de Vaud; nous ne l'avons pas encore vu d'autres régions. Le nom de **H. pictum** a l'antériorité en sa faveur et s'applique d'ailleurs bien à la forme de l'herbier de Schleicher qui a presque toujours les feuilles maculées. Il paraît difficile que des éch. authentiques, c'est-à-dire distribués par Schleicher, aient été des variations du **H. rupestre**, espèce qui ne croit pas en Suisse! — Fries a dit avec raison : « **H. pictum** Schleich. ! nomen antiquissimum sine dubio servandum, » et il lui rapporte en synonyme le **H. farinulentum** Jordan! — Nous connaissons cette dernière forme de la Savoie, du dép. de l'Ain, du Dauphiné (massif du Pelvoux) et des vallées Vaudoises du Piémont. — Cette année (1883) nous venons de la retrouver sur les rochers près d'Argentera!!'' (vall. sup. de la Stura) en 2 ex. assez chétifs mais qui ne nous paraissent pas douteux ; station qui devra être ajoutée à celles de la page 32.

H. Monregalense *Burn. et Gr., cat. p. 33.*

M. Arvet-T. a annoté les éch. qui nous restent de ce Hieracium : · Cette forme intéressante me paraît nouvelle; elle a beaucoup du port des **H. lychnioides** et **coronariæfolium** avec quelques-uns de leurs caractères, mais son indument en est très distinct; ses poils sont plus ou moins fortement dentés ou subplumeux, et non plumeux.

H. PELLITUM *Fries: Burn. et Gr., cat. p. 35.*

Nouvelle station à ajouter, p. 36 : entre Argentera et le sommet du col de la Maddalena!!'', sur la rive droite géog. du torrent, sur des terrains dénudés, extrêmement abondant. Nous n'avons pas observé dans le voisinage les **H. tomentosum, murorum** ou **vulgatum**. Nos ex. représentent exactement le **H. pseudo-lanatum** Arv.-T.

M. Arvet-T. nous a écrit au sujet de notre **H. pellitum** :

« Mon **H. pseudo-lanatum** n'est pas le **pellitum** pour plusieurs raisons : 1° J'ai envoyé ma plante à Fries qui n'y a pas reconnu son **H. pellitum**. — 2° J'ai reçu de Fries ma plante, récoltée par Grenier, avec cette dénomination de la main de Fries : **H. Lawsonii** Vill. teste Grenier!. (Je pense qu'il y a là un lapsus calami et que Fries a voulu écrire **H. Liottardi**, car c'est bien le **H. Liottardi** Grenier.) — 3° La description donnée par Fries pour le **H. pellitum** s'y oppose tout à fait. —

Vous réunissez le **H. floccosum** au **pseudo-lanatum**, bien à tort selon moi; l'avenir démontrera qui a raison. » Lettre du 6 juin 1883.

Puis M. Arvet-T., ayant reçu des échantillons d'une de nos variations du **H. pellitum** nous a adressé ultérieurement la note suivante : « Par ses ligules *eximie ciliatæ*, par son péricline, par son *tomentum* très différent, par ses feuilles caulinaires sessiles et non atténuées en pétiole, etc., cette plante se sépare nettement du **H. pseudo-lanatum** !; elle ne saurait non plus se confondre avec le **H. floccosum** ! » Lettre du 10 juillet 1883.

Une nouvelle étude de notre herbier nous a une fois de plus amené à la conclusion, absolument définitive pour nous, que les **H. pellitum** et **pseudo-lanatum** ne peuvent être distingués, même comme variétés. Les motifs allégués contre cette réunion ne sont point concluants. — En effet, Fries n'a connu le **H. pellitum** que par un envoi de Reuter; or une partie de cet envoi est restée sans doute entre les mains de Fries, tandis que l'autre se trouve dans l'herbier de Reuter, annotée par le savant suédois. La description de l'Epicrisis s'applique, il est vrai, fort mal à ces derniers échantillons qui sont cependant absolument authentiques. Ainsi Fries a dit : « Phyllopodum, pilis mollibus plumosis hirsutissimum ; ligulæ eximie ciliatæ, » et plus loin : « Caulis adultus aphyllopodus. » Or la plante de Reuter est toujours strictement phyllopode, à poils non plumeux [1], mais subplumeux et parfois denticulés, à ligules faiblement poilues ou glabrescentes. — Ces traits de la description de Fries ont précédemment déjà induit en erreur M. Arvet-T. (voir bull. soc. Dauph., p. 118, ann. 1877 et classif., p. 8 et 9 [2]); on ne saurait le lui reprocher, car il n'a pas vu comme nous les seuls ex. authentiques qui existent du type de Fries. — Le fait que Fries n'a pas reconnu sa plante dans le **H. pseudo-lanatum** est secondaire; nous avons le plus profond respect pour l'illustre savant d'Upsal, mais il est impossible d'admettre qu'il n'ait çà et là commis quelques erreurs [3] qui pouvaient tenir souvent au fait qu'il n'avait jamais parcouru les Alpes et ne possédait pas toujours des matériaux suffisants pour les espèces de l'Europe méridionale.

---

[1] Fries a d'ailleurs bien décrit les poils des espèces voisines dans l'Epicrisis. *H. tomentosum et Kochianum* : plumeux ; *H. rupestre* : subplumeux, etc. Mais c'est à tort qu'il a attribué au *H. humile* des poils subplumeux.

[2] Les *H. pseudo-lanatum* et *pellitum* sont placés dans deux sous-sections différentes, à une assez grande distance l'un de l'autre.

[3] Ainsi Fries n'a point reconnu non plus l'identité presque complète qui existe entre notre *H. Lantoscanum* et la forme du *H. picroides* du Valais (voir pages 23, 24 et 68 qui précèdent); il a pris le *H. viscosum* Arv.-T. pour un *H. prenanthoides* (Arv.-T. supp. mon., p. 26), etc. — Le *H. præaltum Bauhini* forma *breviseta* du Wetterhorn (de Lagger), epicr., p. 31, est le *H. cymosum Nestleri* ! (conf. Christ. Hier. Schw., p. 4.) — Le *H. scorzoneræfolium* ne diffère pas du *H. villosum*, ainsi que le dit Fries, parce qu'il est hypophyllopode et non phyllopode; de même le *H. Rhæticum* comparé au *H. alpinum*, etc. — Le *H. alpinum* est décrit (epicr., p. 42) avec une tige églanduleuse et, p. 43 : « pili pedunculorum nunquam glandulosi »; or ce type est presque toujours glanduleux ! (voir p. 17 qui précède.) Le *H. glaciale* (epicr., p. 27) devrait posséder, d'après Fries, des capitules églanduleux, ce que nous n'avons jamais observé. Le *H. subnivale* est placé par Fries dans les *Pilosella Rosella*, à tort, et l'auteur dit qu'il pourrait peut-être appartenir aux *Oreadea* où

Nous possédons 12 éch. authentiques du **H. pseudo-lanatum**[1] (de son auteur et des N°s 176 *bis* et 176 *ter* de la soc. Dauph.); ils montrent des feuilles basilaires atténuées en un pétiole distinct, entières ou nettement dentées vers leur base; les caulinaires qui sont développées se trouvent au nombre de 1-2, parfois 3. l'inf. atténuée vers sa base et plus rarement subpétiolée; des pédoncules gén. peu glanduleux, ne laissant parfois apercevoir aucune glande entre leurs poils allongés et nombreux; l'un de nos ex. a, par contre. le sommet de sa tige muni de poils glanduleux aussi nombreux que le **H. Chaboissæi** (floccosum)[2]; des ligules glabres, mais l'un de nos éch. les a légèrement poilues. Le tomentum de la plante lui donne un aspect grisâtre, mais il est bien moins abondant que dans les formes les plus répandues du **H. tomentosum**. Le péricline très velu est médiocrement grand, à folioles int. aiguës ou atténuées-aiguës; les bords des alvéoles sont très inégalement dentés; les styles livides et les akènes d'un brun noirâtre foncé.

Nous avons des ex. de diverses stations de nos Alpes (par ex. des env. de Limone et de l'Pallanfre, ainsi que de la vallée sup. de la Stura) qui sont absolument *identiques* à ce **H. pseudo-lanatum**, mais ils ne diffèrent pas non plus des **H. pellitum** de l'herbier Reuter qui montrent des ligules ciliolées.

Nous passons au **H. Chaboissæi** (floccosum) dont nous possédons 5 ex. Il nous est impossible d'y voir autre chose qu'une variété du précédent à tiges plus feuillées et ligules ciliolées, variété dont M. Arvet-T. nous dit qu'elle a une floraison plus tardive d'un mois. Les ex. du N° 1286 de la soc. Dauph. montrent des tiges à 3 ou 4 feuilles développées. l'inf. sessile ou rétrécie en pétiole et les ligules bien faiblement poilues ou glabres; les capitules sont peut-être un peu plus grands que dans le **H. pseudo-lanatum**. Mais les 3 éch. que nous tenons de l'auteur lui-même ont seulement 3 feuilles développées sur la tige et des pédoncules parfois aussi peu glanduleux que ceux de ce dernier Hieracium, avec des capitules identiques; ces éch. pourraient à la rigueur être placés avec le **H. pseudo-lanatum** plutôt qu'avec le **Chaboissæi**. — M. Morthier nous a envoyé du Lautaret, sous le nom de **H. villoso** × **lanatum**, une forme qui nous laisse dans le doute entre les **H. Chaboissæi** et pseudo-lanatum.

A côté de ces deux dernières variétés qui offrent des feuilles basilaires gén. oblongues, plus ou moins allongées, subentières et atténuées en pétiole égalant

il nous semble n'être pas plus à sa place : cette espèce est faussement décrite comme ayant des pédoncules toujours églanduleux ! etc. — D'autres erreurs ont été signalées aussi par M. Lindeberg dans ses *Hier. Scand. exsicc.*

[1] Qui est devenu le *H. sublanatum* Arv.-T. notes. p. 21. — Si ce Hieracium est bien le *H. Liottardi* de Grenier, ainsi que le dit M. Arv.-T. (mon.. p. 34), le nom de *H. pulchellum* (ann. 1850) proposé par Grenier (Gr. Godr. fl. Fr. 2, p. 367) aurait, nous paraît-il, dû lui être attribué; il est antérieur même à celui de *H. pellitum* de Fries qui est de 1862. — Mais la description de Grenier (l. c.) correspond encore moins au *H. pseudo-lanatum* que celle donnée par Fries pour son *pellitum* : « corolles ciliolées, feuilles radicales molles, vertes, avec des poils très plumeux à barbes plus longues que dans le *rupestre*. glabres en dessus, tige de 1 dm., etc. » Gr. Godr. l. c.

[2] Cet ex. offre un passage évident à ce dernier Hieracium : il possède 3 feuilles caulinaires développées et des ligules très légèrement ciliolées.

souvent la moitié du limbe ou un peu plus, nous avons déjà dit qu'on en rencontrait d'autres à feuilles oblongues-lancéolées, ou ovales-oblongues brusquement contractées en pétiole, tantôt subentières, tantôt très dentées et même incisées-dentées vers la base; l'indument parfois plus abondant que dans le **H. sublanatum** l'est souvent beaucoup moins; la dimension des capitules varie beaucoup aussi; nous avons une série d'éch. munis de capitules réduits, plus petits que dans le **sublanatum**, à folioles involucrales moins nombreuses; d'autres enfin, assez rares, ont des folioles int. très atténuées-aiguës et même subulées. Nous avons déjà mentionné les variations des ligules (glabres ou poilues) et celles des styles (livides ou jaunes). Tous nos efforts pour classer ces diverses formes avec quelque clarté ont échoué.

On ne confondra pas le **H. pellitum** avec les variations à indument peu abondant du **H. tomentosum**, car le premier ne présente jamais de poils nettement plumeux et aussi entrelacés; ses tiges sont plus élevées, plus grêles, gén. divisées moins bas; ses feuilles sont moins grandes, moins élargies, les basilaires souvent dentées, gén. plus longuement pétiolées, les caulinaires toujours moins développées; ses capitules enfin sont souvent plus petits. On trouve d'ailleurs bien rarement dans le **H. tomentosum** des pédoncules glanduleux et des ligules poilues.

Les modifications à feuilles basilaires brusquement contractées en pétiole, à la fois aussi, peu velues et presque vertes, ne pourront pas être prises pour un **H. murorum**, à cause de leurs poils subplumeux, de leurs pédoncules plus allongés et moins étalés, portant des poils glanduleux courts (n'égalant pas le diam. du pédoncule), peu nombreux ou nuls, mêlés de poils non glandulifères nombreux, de leurs capitules velus ou velus-laineux gén. plus grands. Dans le **H. murorum** les pédoncules portent habituellement des poils glanduleux nombreux, sans poils simples dont les involucres sont à peu près dénués; mais il existe des exceptions pour ces caractères attribués au **H. murorum** qui est du reste l'espèce polymorphe par excellence et dont Fries compare les innombrables formes aux nébuleuses de la voie lactée.

H. CÆSIUM *Fries; Burn. et Gr., cat. p. 36.*

« Ce que vous m'avez envoyé sous ce nom (des Alpes marit.) me paraît être le **H. Rionii** Gremli, sous-espèce du **H. subincisum**. Le vrai **H. cæsium** est distinct spécifiquement, selon moi, et paraît étranger à nos Alpes. » Arvet-T. in litt.

Le **H. Rionii** que M. Arvet-T. avait pris autrefois, d'après l'herbier de M. Wolf, de Sion, pour le **H. oligocephalum** Arv.-T. supp. mon., p. 13, est une variété du **H. cæsium** qui diffère de nos **H. cæsium** des Alpes maritimes. Voir à ce sujet Gremli, neue Beiträge fasc. 3, p. 16.

Les caractères attribués par M. Arvet-T. aux **H. cæsium** et **cæsioides** dans le supplément à la monographie (p. 15) nous semblent être bien peu constants. — Le **H. cæsium** pourrait facilement être partagé en un grand nombre de *micromorphes*, mais il est certain qu'il n'est pas toujours facile à distinguer du **H. murorum**, au moins sur le sec; nous possédons un assez grand nombre d'ex. qui nous laissent dans un doute complet. Quelques indications précises sur la manière de distinguer ces deux types et sur leur valeur spécifique relative, auraient bien plus d'utilité que leur morcellement.

Des échantillons que notre ami M. Leresche vient de nous envoyer, récoltés en 1880 dans la vallée de l'Ellero (prov. de Mondovi), sont rapprochés du **H. cephalodes**[1] Arvet-T. supp. p. 14, d'après 3 ex. que nous avons reçus de l'auteur. Ces derniers ont des poils fortement denticulés, à peine subplumeux, tandis que ceux de l'Ellero les ont subplumeux, conformément à la description citée. Ce **H. cephalodes** est voisin à la fois des **H. cæsium** et **Trachselianum** Christener.

H. PROVINCIALE *Jordan*; *Burn. et Gr., cat. p. 38.*

Var. β **symphytaceum** *Burn. et Gr., cat. p. 39:* H. symphytaceum *Arvet-T.*

M. Arvet-T., dans un premier supplément à ses notes, daté de juin 1883, dit p. 32 : « Pour réunir mon **H. symphytaceum** en variété au **H. Provinciale** Jordan, il faut nécessairement ne pas connaître, ou ma plante, ou celle de Jordan ! Cette dernière a les akènes noirâtres à la maturité (conf. Jord., Gren. Godr.), l'autre les a constamment d'un fauve roussâtre ! jamais noirâtres, ni même légèrement brunâtres !, indépendamment des autres caractères indiqués en leur lieu et qui les distinguent à première vue ! (conf. Jord., Gren. Godr., Arvet-T. in bull. soc. Dauph. 1876). »

Les éch. du val Pesio que nous avons attribués au **H. symphytaceum** concordent avec la description donnée dans le N° 858 du bulletin cité; il y a à peu près identité entre ces éch., ceux que nous avons reçus directement de l'auteur[2], et ceux de la soc. Dauph. (tous des env. d'Uriage, Isère).

Quant au **H. Provinciale** Jordan (obs. VII, p. 41), nous n'en avons pas vu d'ex. authentiques de son auteur, mais la description détaillée s'adapte intégralement à plusieurs de nos **H. Provinciale** des Alpes marit.; il est vrai qu'elle peut convenir aussi au **H. symphytaceum**: il n'y est d'ailleurs fait nulle mention de la couleur des akènes, mais Grenier et Godron (fl. Fr. 2. p. 384) ont attribué des akènes presque noirs au **H. Provinciale**[3].

[1] Voir Gremli neue Beiträge, fasc. 3, p. 50. — Cette forme a été citée en Valais par M. Arvet-T.; mais d'après une lettre récente (2 oct. 1883) de ce botaniste, il avait pris pour tel un *H. Trachselianum* Christener (oxydon Fries).

[2] Nous faisons une réserve en ce qui concerne les alvéoles du réceptacle. Nous les trouvons dans nos ex. du *H. Provinciale* comme dans ceux que nous rapportons au *H. symphytaceum* « à peine dentés à la marge, munis aux angles d'un cil lancéolé et de quelques poils, » mais ils ont peut-être une marge plus large et plus dentée (?) dans nos ex. authentiques du *H. symphytaceum*.

[3] M. Arvet-T. a dit du *H. symphytaceum* (bull. soc. Dauph. 1876) : « Cette plante, par ses akènes gris-roussâtres à la maturité, appartient à la section *Italica* Fries et se place entre le *Virga-aurea* Cosson et le *H. pyrenaicum* Jordan qui font partie aussi de cette section. » — A notre avis la place du *H. pyrenaicum* est bien dans les *Italica* où l'avait placé Fries, mais dans sa classification de 1880 M. Arvet-T. l'énumère au N° 58 dans les *Cerinthoidea*, tandis qu'il comprend les *H. symphytaceum*, *Provinciale* et *Virga-aurea* aux N°s 212, 208 et 209 dans les *Australia*.

Autrefois, pour M. Arvet-T. (mon., p. 47), le *H. Provinciale* était une simple *forme* du

Après un nouvel examen minutieux de nos matériaux d'herbier, nous ne pouvons que maintenir notre manière de voir antérieure : le **H. symphytaceum** est une variété remarquable du type de Jordan ; elle possède des akènes pâles, des pédoncules et involucres glanduleux, des folioles involucrales d'un vert foncé et même noirâtre sur le dos qui porte des poils étoilés nombreux. — Dans nos ex. du Dauphiné, comme dans ceux des Alpes marit. du **H. symphytaceum**, l'inflorescence est rarement franchement racémiforme ; les feuilles plus ou moins denticulées ne sont jamais nettement dentées (dans nos ex. ; mais bien dans une partie de nos **H. Provinciale**) : lorsque la glandulosité de la partie sup. de la tige est très accusée, les feuilles sup. portent çà et là quelques glandes que nous avons observées parfois aussi sur les feuilles inf. — Par ces caractères de l'inflorescence, par la présence de glandes sur les pédoncules et les feuilles, ainsi que par la couleur des involucres, le **H. symphytaceum** se rapproche de notre **H. pseudo-eriophorum** du Piémont (voir p. 80). — La couleur des akènes [1] est généralement d'un brun rougeâtre plus ou moins foncé dans nos ex. des Alpes marit. du **H. Provinciale**, mais nous possédons plusieurs variations à akènes mûrs d'un brun jaunâtre très pâle lesquelles appartiennent bien par tous les autres caractères à ce dernier type (et non au **H. Virga-aurea**) ; ces variations montrent des pédoncules non glanduleux, des folioles involucrales claires, à poils étoilés rares, avec ou sans poils allongés ; d'autres, avec des akènes foncés, ont des pédoncules tantôt glanduleux, tantôt non glanduleux, des folioles involucrales pâles, à poils étoilés rares ou abondants, etc.

H. PSEUDO-ERIOPHORUM *Loret et Timbal-Lagrave; Burn. et Gr., cat. p. 40.*

Dans le supplément à ses notes (juin 1883) M. Arvet-T. publie un nouveau Hieracium, ainsi désigné :

Hieracium polyadenum sp n.; *H Pedemontanum* Arv.-T. in herb. Rostan (martio 1883); non Burn. et Gr. cat. Hier., p. 27 ; *H. pseudo-eriophorum* Burn. et Gr. cat. Hier., p. 40, et in herb. Rostan!: non Loret et Timb.-Lagrave ; *H. pyramidale* Burnat in herb. Rostan ; non Arvet-T.

Voici la description donnée par M. Arvet-T. :

Hypophyllopode ou aphyllopode, d'un vert olivacé : tige pleine, *à côtes saillantes*[2], subanguleuse, plus ou moins hérissée de *poils mous, blancs* et d'autres glanduleux, le plus souvent rameuse dès la base ou

---

H. boreale; plus tard (class., p. 13), il a été énuméré dans la section *Australia* sous sect. *Genuina* (N° 208), tandis que le *H. boreale* figure au N° 233 dans la section *Accipitrina* sous-sect. *Sabauda*.

[1] Est certainement un caractère qui a de l'importance dans les Hieracium, mais on trouve plusieurs types dans lesquels cette couleur varie ; voir par ex. nos *H. ramosissimum, pulmonarioides, armerioides, glaucum*, pour nos espèces seulement. On rencontre çà et là d'autres cas analogues dans les auteurs, par exemple le *H. umbellatum*, variation citée par Fiek Fl. Schl., p. 285.

[2] Les mots soulignés sont tels dans le texte latin que nous traduisons ici.

dès son milieu, rarement au sommet seulement, peu élevée, médiocre
ou allongée; rameaux et pédoncules *ascendants, portant des feuilles
bractéiformes* ou des écailles, gén. couverts de poils simples, de glanduleux et d'étoilés ; pédoncules plus ou moins allongés et ord. disposés
en large panicule: péricline *assez petit, subcylindrique-ovoïde*, à
écailles obtuses, verdâtres, les ext. subétalées, glandulifères et flocco-
neuses grisâtres; ligules *à dents glabres* ; styles bruns; akènes *allongés*, noirâtres ou d'un brun marron à la maturité ; *aigrette blanche*
ou blanchâtre; feuilles lancéolées ou oblongues-lancéolées, à peine
plus claires en dessous, inégalement dentées, à dents cuspidées, plus
ou moins hérissées de *poils mous blancs et d'autres plus courts, glanduleux*, prolongées en une pointe subentière; les inf. gén. brièvement
pétiolées, çà et là allongées et *disposées en fausse rosette*, les autres
sessiles, *jamais embrassantes* comme dans le H. pseudo-eriophorum,
décroissantes jusqu'à la panicule, la base des rameaux et des pédoncules.

Nous venons de recevoir de M. Rostan (octobre 1883) 36 exemplaires de ce Hieracium, de diverses stations des vallées Vaudoises piémontaises, et pouvons
ajouter les renseignements suivants :

Les *poils mous*, allongés et légèrement denticulés, sont gén. très nombreux sur
la tige; les *poils glanduleux* deviennent de plus en plus rares vers sa partie inférieure; la *tige* n'est jamais ramifiée vers la base (dans nos ex.), elle l'est à partir
de son milieu environ, et souvent vers son sommet seulement; les *rameaux* sont
dressés ou étalés-dressés, rarement un peu ascendants; la *panicule*, sur un très
petit nombre de nos ex., a une tendance à se montrer plus ou moins racémiforme,
comme dans nos Italica ; les *folioles involucrales* sont d'un vert assez foncé sur le
dos, avec un duvet étoilé gén. assez abondant, des poils glanduleux nombreux
et des poils plus longs non glandulifères toujours peu nombreux; ces derniers
sont parfois nuls; les *akènes*, d'un brun noirâtre, ont 3 ½ à 4 ¼ mm. de long.;
les *ligules* sont absolument glabres [1]; les *feuilles* infér. ne sont pas toujours disposées en fausse rosette et rapprochées au bas de la tige, comme dans le H. Provinciale (où ce caractère manque souvent), mais elles sont fréquemment écar-
tées, même dans certains éch. phyllopodes: les feuilles sont velues sur leurs deux
faces, avec des poils allongés sur la côte médiane infér.; les poils glanduleux
bien moins nombreux que les simples, sont parfois très rares et nuls ou à peu
près sur les feuilles infér.; le *bord des alvéoles* du réceptacle est peu relevé,
presque entier ou denticulé, et porte çà et là des dents subulées ou cils qui semblent très caducs.

[1] Deux ex. portent sur leurs ligules de courtes et rares papilles vers l'extrémité de leurs
dents, ce que nous avions observé sur nos anciens échantillons, mais ce caractère est *très
exceptionnel* et on peut tenir les ligules pour glabres.

L'étude de ces nombreux matériaux a modifié la manière de voir que nous avions émise un peu imprudemment sur ce type, d'après quatre éch. assez incomplets. — M. Arvet-T. nous semble être dans le vrai lorsqu'il envisage ce Hieracium comme appartenant à notre section *Italica*; il est certainement plus éloigné du **H. boreale** que du **Provinciale**; il diffère du premier par ses involucres plus grêles, à folioles moins nombreuses et moins imbriquées, ses pédoncules toujours glanduleux, ainsi que ses feuilles (au moins les supér.), les basilaires existant souvent à l'anthèse et parfois rapprochées en fausse rosette, etc.

Par ces derniers caractères, tirés des feuilles basilaires, ainsi que par la structure de ses involucres, le **H. polyadenum** se rapproche du **H. Provinciale**. Certaines variations de ce dernier et surtout la forme *symphytaceum* présentent une glandulosité générale parfois presque aussi marquée que dans certaines modifications peu glanduleuses du **H. polyadenum.**

Les formes bien caractérisées du **H. polyadenum** diffèrent de celles les plus typiques du **H. Provinciale** par une villosité générale plus abondante, des feuilles plus ou moins glanduleuses, très dentées, à dents souvent très saillantes et aiguës, jamais contractées en un pétiole aussi distinct; une inflorescence non racémiforme, à pédoncules glanduleux et moins canescents, les poils glanduleux descendant gén. jusqu'à la base de la tige; enfin par des involucres foncés et non d'un vert pâle. — Le **H. polyadenum** diffère du **H. Provinciale** var. *symphytaceum* qui a aussi des pédoncules glanduleux, médiocrement canescents, des involucres foncés et quelques traces de glandes sur les feuilles (surtout les supérieures), par ses feuilles très dentées (non denticulées ou subentières), par ses akènes d'un brun noirâtre (non pâles), avec une aigrette blanche (non un peu roussâtre), par sa villosité générale plus abondante. Enfin les folioles involucrales du **H. polyadenum** sont manifestement plus imbriquées et moins nettement unisériées que dans les **H. symphytaceum** et **Provinciale**.

Ainsi que nous l'avons déjà dit (p. 39 et 79), le **H. Provinciale** est assez polymorphe et le **H. polyadenum** varie aussi beaucoup, il en résulte que les caractères que nous venons d'indiquer ne sont pas toujours tous bien tranchés, néanmoins il ne nous semble pas qu'on puisse hésiter entre les deux types après l'examen sérieux de matériaux suffisants.

Quant au **H. pseudo-eriophorum** Lor. et Timb.-Lagr. (l. c.) il diffère de la plante piémontaise avec laquelle nous l'avions réuni spécifiquement, par un indument généralement moins abondant avec des poils moins longs, des feuilles supér. munies en dessous de poils étoilés gén. très nombreux, des rameaux étalés-ascendants, des folioles involucrales un peu moins obtuses et plus grisâtres, à poils simples gén. plus nombreux [1], des styles jaunâtres; enfin par une aigrette un peu roussâtre. Le réceptacle du Hieracium de l'Ariège nous paraît être bien conforme à ce qu'en dit la description de ses auteurs et notablement différent de celui du **H. polyadenum** : alvéoles bordées d'un limbe scarieux plus large et

---

[1] Ces poils sont rares ou presque nuls dans nos ex. des vallées Vaudoises, mais dans la plante des Alpes marit. ils paraissent être presque aussi nombreux que dans celle de l'Ariège.

de cils fibrilleux bien plus longs que dans les autres espèces » (Loret et Timb.
Lag. l. c.); nous ajouterons que ces cils sont bien plus nombreux aussi, mais nous
n'avons pas de matériaux suffisants pour vérifier convenablement ces caractères
du réceptacle. — Pour tout le reste nous ne trouvons pas de différences notables.
La base des feuilles sup. est dans la plante de France (Ariège) demi-embrassante
ou un peu embrassante-auriculée; elle varie dans celle du Piémont (à peu près
comme dans notre **H. boreale**[1]) et présente souvent la même configuration que
dans le **H. polyadenum**. Les akènes nous semblent avoir la même forme, couleur
et longueur. On trouverait peut-être quelques caractères différentiels, sur le vif,
dans la consistance des feuilles, la forme des involucres, etc. — Quoi qu'il en soit,
les **H. pseudo-eriophorum** et **polyadenum** sont bien voisins et il nous paraît difficile
de comprendre qu'on puisse les ranger, comme l'a fait M. Arvet-T., à une bien
grande distance l'un de l'autre : le premier figurant (essai class., p. 12) au N° 185
dans la section **Prenanthoidea**, sous-section **Lanceolata**, à côté des **H. Valesiacum**,
lycopifolium, etc., tandis que le second (notes supp. 1, p. 31) se trouve dans la
section **Australia** (N° 202 et 203), avec nos **Italica**. — La place de la plante de l'A-
riège nous semble être entre les **H. polyadenum** et **boreale**; mais les quatre ex.
que nous possédons ne nous permettent pas d'être bien affirmatifs sur ce point.

D'après une description publiée par M. Arvet-T. (spic., p. 35), il nous avait
paru que notre **Hieracium pseudo-eriophorum** du Piémont pouvait se rapporter
peut-être au **H. pyramidale** Arvet-T. et nous l'avions indiqué (sans doute dubita-
tivement) dans l'herb. Rostan. Nous n'insistons nullement sur ce rapprochement.

H. dolosum *Burn. et Gr., cat. p. 41.*

« **H. dolosum** = **H. subvirens** Arv.-T., supp. monog., p. 31, forma angustata =
H. boreale var. **subvirens ?** » Arvet-T. in litt.

Nous n'avons aucune objection contre la manière de voir de M. Arvet-T.; la
description citée s'applique assez bien à notre plante. Ce **H. subvirens** est rattaché par son auteur, comme une variété ou sous-espèce (?), au **H. virosum** Pallas,
espèce que Fries ne signale qu'en Sibérie. Nous possédons ce dernier en herbier;
il a, comme notre plante des Alpes maritimes, absolument le port du **H. umbellatum** ! mais nous connaissons trop mal ces formes orientales pour pouvoir les
discuter.

---

[1] M. Rostan nous a envoyé des ex. d'une variation à feuilles caulinaires sup. et moyennes
larges et subembrassantes du *H. polyadenum*, avec la mention : « *H. Sabaudum* Allioni ;
comparer à la figure de cet auteur. »

ADDITION A LA TABLE

(Espèces, variétés, hybrides et synonymes
mentionnés dans les additions).

Les noms imprimés en lettres italiques sont ceux admis pour nos espèces, variétés, etc.

LAUSANNE — IMPRIMERIE GEORGES BRIDEL